New Wun Ching Developmental Publishing Co., Ltd.
New Age · New Choice · The Best Selected Educational Publications — NEW WCDP

第 **3** 版
3rd Edition

品牌管理
廣告與品牌管理
━ 教學理論與個案實務 ━

BRAND MANAGEMENT

胡政源・蔡清德・李心怡 編著

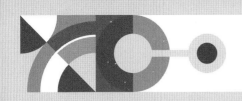

21 世紀，全球市場行銷已經進入到一個品牌競爭時代，在激烈的競爭市場中，消費者有眾多的同類競爭產品可供選擇，企業取得成功的唯一機會是要在顧客的意識中深深地根植品牌的印象，令消費者在需要此類產品時第一時間想到你的品牌，如果品牌印象的建立非常模糊，你的產品將很快被消費者所遺忘。因此，品牌對於消費者的購買決策時的影響力日益重要，一個產品要在眾多的商品中求得一席之地，為消費者所熟識、認可接受，進而形成消費目標，是需要妥善管理品牌，創造品牌價值才能達到的。

Aaker(1991) 曾指出企業擁有市場行銷遠比擁有工廠製造更為重要，進一步認為企業欲擁有行銷優勢以統制市場，必須先擁有強勢的品牌。King(1991) 則主張應將整個企業組織視為品牌，進一步將其定位於消費者之心目中，以維持企業組織之競爭優勢；Urde(1994) 亦主張品牌導向 (brand-oriented) 是企業維持生存與成長的關鍵策略。因此，品牌的管理與經營在任何擁有品牌的公司中已成為一個重要的課題。

本書《品牌管理－廣告與品牌管理》第 3 版更新案例分享，以及將第 11 章調整〈公部門品牌運用〉，全書品牌管理重要相關理論與實務內容，足供大專院校一學期 3 學分之品牌管理教學應用；分別詳列如下。

第一章　失控品牌風險

第二章　品牌意涵－認識品牌價值

第三章　品牌策略－建構品牌價值

第四章　品牌知名度－知曉品牌價值

第五章　品牌忠誠度－鞏固品牌價值

第六章　品牌聯想－想像品牌價值

第七章　知覺品質－感受品牌價值

第八章　品牌延伸－擴增品牌價值

第九章　品牌專屬資產－保障品牌價值

第十章　品牌關係－經營品牌價值

第十一章　公部門品牌運用－創造品牌價值

　　本書《品牌管理－廣告與品牌管理》，其中實務個案部分係由廣告與品牌管理學養與行銷管理實務技巧俱優的蔡清德老師負責協同編著完成，在此特對蔡清德老師致上十二萬分的謝意。

　　本書之完成，首先必須感謝嶺東科技大學對教師編寫大專教科書的鼓勵與獎助。另一方面，也必須對協助出版的新文京開發出版股份有限公司特致謝意。新文京開發出版股份有限公司四十多年來致力於大專院校各業類教科書，卓然有成；近十年來亦致力提供大專院校管理類優良教科書，嘉惠莘莘學子。近年來本人即曾於新文京開發出版股份有限公司出版過《行銷研究》、《零售管理》、《企業管理綜合個案研究暨企業實務專題研究》、《現代零售管理新論》、《人力資源管理：理論與實務》、《人力資源管理：個案分析》、《品牌關係與品牌權益》、《科技創新管理》、《品牌管理：品牌經營理論與實務》、《顧客關係管理：創造顧客價值》、《企業經營診斷：企業實務專題研究之應用》，以供大專院校學生研讀。新文京開發出版股份有限公司林世宗總經理，其對管理教育界的支持與尊重，除了感激之外，亦深為敬佩，特此致謝。最後，更感謝讀者的研讀及肯定，使本書得以發行。

　　其次，必須感謝嶺東科技大學企業管理系同仁的多方鼓勵及指導。最後，更感謝嶺東科技大學張總執行長台生教授三十餘年來的提攜與勉勵，使得個人得以在教學、服務、進修、研習及學術研究上日有增進，無限銘感。

胡政源 謹誌

　　2020 年起因 COVID 19 嚴重影響所有企業的發展與布局，諸多品牌也因財務運轉與組織規劃而產生變化，這似乎超越多數企業承擔能力，因此，企業需重新檢視品牌定位與經營方針，以確保可長期經營與維持動能。

　　本書協同編輯承蒙恩師胡政源教授提供成長學習機會，本次改版以胡老師規劃架構進行調整，同時邀請在品牌公關業相當知名的李心怡老師協助更新相關案例說明，李心怡總經理經營之碩泰公關公司服務臺灣市場諸多消費性品牌（企業），本次改版諸多案例都是近期臺灣經典行銷案例，非常適合讀者學習參考，李老師更簡化專有名詞及基本概念解說，使讀者能真正熟稔品牌操作之精髓，並有效解析品牌營運之布局。在此特別感謝李心怡老師願意在公務繁忙中為臺灣品牌教育的基礎，提供專業的協助。

　　品牌是企業與顧客信賴互動媒介之一，任何人有其學習操作之重要性，近年來有些知名企業因自恃品牌壯大，忽略企業經營核心價值與道德誠信，因此，對於未來企業品牌經營者或管理者，需謹記「仁人者，正其道不謀其利，修其理不急其功。」共勉之。

蔡清德　謹誌

你有特別喜歡的品牌嗎？一種讓你怦然心動，深感獨一無二，而且擁有之後體會到美好愉悅。如此，這個品牌就深深擄獲你了。

　　認識品牌很像認識一個人，它穿了外中內三層衣服，外層像是你第一眼看上的印象，如同外衣影響了初步喜好，中層像是品牌想傳遞的故事，內層是品牌的中心思想；品牌也像是一本書，逛實體書店時，你先被封面的設計吸引，其次看書名，再進一步看書籍欄目內容跟作者簡介。如果喜歡，你就會買單，而當中的愛好，代表你跟品牌的共鳴。

　　「品牌光環」常是我們認識品牌的觸發點，因為成功的品牌，總是透過各種方式跟你「相遇」。當你想要選擇一項商品，覺得目不暇給的時候，成功品牌在過往時光中置入在你腦海的印象，就會跳出來影響你的購買行為，你心中可能閃出一句「它懂我！」這個符合顧客期待的「懂」不是一蹴而就，是品牌端竭盡心力打動你的用心，才能滿足你的期待。

　　本書改版增加第 11 章「公部門品牌應用」，特別提及與大學生密切關連，教育部青年發展署與農委會水土保持局的「大專生迴游農村計畫」，對青年的照顧軌跡。更依照各章節的安排，加入 50 家企業品牌的案例供讀者熟悉與認識。特別感謝企業品牌端回饋的每一張「著作財產權同意書」，提供最精實的個案與圖片，是饒富教育意義的介質，讓讀者可以前後呼應，方便學習。

　　初次接觸品牌學習的人，可以應用本書的學理練習觀看品牌「想要告訴你什麼？」當行經櫛比鱗次的街道，看到喜歡的品牌，練習思考品牌的次第，你可能先喜歡包裝，也就是它的外衣；然後了解品牌歷史、品牌故事、企業理念，看看消費評價、產品訴求的客群。可以找自己喜歡的品類著手，累積自己的品牌語錄。當一心一意每天練習，你也可以滔滔不絕說品牌。

　　品牌有很多值得尊敬跟學習的地方，遇到喜歡的品牌，你可以跟它深入交往，漸漸你會發現跟品牌的關係也會有陰晴圓缺，就跟交朋友一樣，當體會到它（品牌）的細緻，就會時時親近。

　　學習無所不在，課本只是輔助，重要是抓到一些重點並且運用。丟掉課本之後的學習，才會內化成久留的技能。期待你跟品牌學理的初相遇，是個美妙的啟動。

李心怡　謹誌

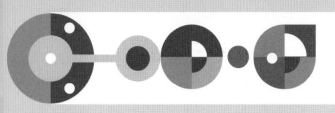

胡政源

學歷：

國立雲林科技大學管理研究所博士

國立政治大學企業管理研究所碩士

現職：

嶺東科技大學企業管理研究所暨企業管理系副教授

經歷：

嶺東科技大學經營管理研究所所長暨企業管理系主任

嶺東商專實習就業輔導室主任

臺灣發展研究院中國大陸研究所副所長

TTQS 顧問、講師、評核委員

3C 共通核心職能課程講師

蔡清德

學歷：
國立臺灣大學農業經濟研究所（碩士）

現職：
台灣美食技術交流協會 祕書長
農產品、食品流通業行銷管理與營運企劃二十餘年
2018 年經理人雜誌評選百大 MVP 經理人

社會服務經歷：
國家發展委員會（國發會）地方創生專家 輔導委員
教育部 109-111 年度大學社會責任實踐計畫 (USR) 審查委員
行政院農委會水土保持局大專生洄游農村二次方 輔導業師
行政院農業委員會百大青農 輔導陪伴師
嘉義縣政府國本學堂 輔導業師
臺中市政府摘星計劃 輔導委員

教學經歷：
國立臺中科技大學商設系 兼任講師
朝陽科技大學行銷與流通管理系 兼任講師
嶺東科技大學企業管理系 兼任講師

李心怡

學歷：
國立臺灣師範大學運休所 樂活產業高階經理人 EMBA

現職：
創集團 碩泰公關顧問股份有限公司總經理

專長：
公關策略規劃、品牌策略、整合傳播策略之規劃及監督、公部門行銷、公益行銷、品牌策略顧問。
從事公關行銷工作逾 20 年，服務超過百家客戶，橫跨公部門、社區、校園、農企業、餐飲、食品交通、美妝消費用品等領域。

經歷：
弘道老人福利基金會 助老委員
普仁青年關懷基金會 行銷顧問
教育電台「大師心對話」節目製作人
漢聲電台「聽見讓愛昇華」節目製作人
漢聲電台「生活領鮮」節目主持人
PODCAST「美好生活的 100 種提案」節目主持人
公部門、公益組織、大學…等媒體行銷課程 講師

目錄
CONTENTS

失控品牌風險

1-1　緒　論

　　道德是群體共同認知並依循的紀律，由紀律發展出規範和價值，用來判斷群體的行為的是非。道德依品行和決策來制定可被群體大眾所認同的標準，同時道德涉及品牌文化中的內部價值，其企業價值發展亦會影響社會責任的決策。

　　因此，當個人或組織的行為可能對他人產生利害關係時，就產生道德作為的議題。近年企業為了求生存違背社會期待的運作，導致新聞層出不窮不良企業的報導，當企業朝向創造極高獲利經營發展，雖快速累積財富與占據市場，但也因此傷害了大眾安危（食品安全、環境汙染、健保醫療），故在討論商業議題時，有其必要將企業責任與商業道德列在第一章進行討論，以期望各位未來專業經理人或企業負責人，能在經營企業時將商業道德與社會責任放置於獲利之前。

1-2　品牌社會責任

　　企業倫理乃指企業與品牌應遵守的行為規範。廣義而言可分內部與外部兩大部分。

表 1-1　企業倫理的要項

範圍區分	利益關係人	企業倫理要項
企業內部	員工	公平錄用、尊重員工、重視員工發展、公平的人事考核、合理的升遷管道、合理的上班工時、舒適的工作環境、工作保障、按時發放薪資、與員工共享利潤、合理的報償、福利措施、親近員工、以德服人、信任員工、關愛員工。
	股東	對股東負責。
企業外部	顧客	以消費者為導向的產品設計、注重產品品質、合理的售價、公平對待顧客、良好的服務精神與態度。
	關係廠商	協助供應商、按約支付價款、尊重供應商的努力和成本、輔導下游廠商、穩定的供應、為同業效力、公平對待同業。
	社區	保護當地環境、回饋社區、提供醫療服務。
	社會大眾	保護社會環境、贊助教育文化及藝術活動、社會救助與捐贈。
	政府	遵守國家法令、協助政府推動經建改革。

資料來源：參考修改自葉匡時、徐翠芬 (1997)。

企業是工業社會下的產物，跨入新資訊時代之際，假使要維持其存在的合法性，價值體系就必須更動，以符合社會大眾的期望。當價值體系改變，企業目標與價值鏈的關係才能夠進行必要的調整，因此，可以預期以社會價值為核心的價值體系下，企業將不再著眼侷限於股東利益，而會更寬廣的經營方式，以符合或或滿足社會大眾期望，成為基本的發展價值，所以在新資訊時代之際，企業倫理將更有存在必要。

簡而言之，企業內部行為是與員工互動基準；企業外部作業是與利益關係人彼此往來的道德規範。

一、企業內部倫理

是指企業文化表現、經營理念、勞資關係、對員工訓練、照顧，促成彼此相互尊重，敬業樂群，共同創造利益分享。

企業文化乃是一種價值觀，是一種以「人」為重心，所建立起來上下一致共同遵循的價值體系和規範。

二、企業外部倫理

是指企業行為要被社會認可，如對經銷商、顧客乃至於消費大眾盡責任，遵守信用，品質保證。

企業以獲利為主要目標是無庸置疑，但企業之所以能夠長期存在與維持獲利，主要是其存在對社會有正面的助益，獲利則是社會對企業回饋其貢獻。當企業以危害社會為手段，藉此賺取利潤的企業，既無法對社會有所助益（或是弊多於利），自然失去存在價值，長期而言，因企業失去倫理進而導致社會價值消失。

三、國際規範

近年來透過國際規範或國際組織間合作的方式，來防範不道德行為的發生，在未來的企業經營環境中，國際層級的倫理規範體系，將會成為一個舉足輕重的影響來源。

在全球化的今天，企業或國家朝向國際化已是潮流，任何國家都無法孤立於國際政經體系下單獨運作。因此以不道德行為的規範為目的，結合經貿措施為手段的國際規約，在外交、經濟貿易與政治交互作用下，往往所向披靡，成為最有效的規範工具。

四、國家管制

從企業倫理觀點來看，倫理議題是道德層面，而政府法令管制則是法律層面，就「法律是最低的道德規範」來看，政府管制在企業倫理議題中，顯然不應該是落實企業倫理的主要手段。

五、社會或產業規範

就某種程度上來說，可以算是企業自發的自律活動，與企業倫理政策最大的差異在於，企業倫理政策的自律，是以公司內部的法規、制度、群際互動為重點，而社會社會或產業規範，本質上雖也是企業自發自律活動，其落實則要依靠企業外部的產業規約、企業倫理公約等條文，來作為基礎。

就個別企業而言，社會及產業規範

性質上與國家管制、國際公約等規範的性質更為接近，都是一種外來的壓力，其目的都在規範企業的不道德行為。

六、企業倫理的四大功能

企業倫理是倫理的應用領域之一，具有維繫企業的社會秩序的功用，就倫理的功能而言，價值在社會秩序的維繫，且助於解決人際衝突、降低人際交往的不確定性。

（一）降低交易成本

如果社會中的個人因為一致遵循共同的倫理規範，而發展出彼此的高度信任，自然該社會中的經營成本會比較低廉。

有效的社會規範，對維護交易秩序，降低交易成本，具有不可忽略的影響力。而這些社會規範，就企業而言，正是構成企業倫理不可或缺的要素。

（二）提升企業形象

道德信譽是企業重要的無形資產。社會大眾憎惡企業不道德，遠勝其他不良行為，從事不道德行為的企業，貪圖短期利益，選擇旁門左道的企業，所面臨的傷害，遠大於一般人認知的程度。從 2014 年臺灣食安事件，知名企業付出了可觀的代價：信譽低落、顧客流失、股價下跌、工作滿意度下降、生產力低落、社會不信任氛圍、內部勞資對立及員工流動率提高等。

（三）員工表現優異

商譽良好的企業可以吸引及留住高績效的員工，促使員工展現更多的熱情，發揮極佳的生產力，更樂於擁護企業的品牌。個人工作情況無法有效監控時，企業倫理卻使得組織成員無須有形規章的約束與專人監督，能忠誠為組織中的其他成員盡力。

（四）企業競爭優勢

履行企業倫理的正直形象，已成為企業競爭力重要的一環。顧客及投資人決定商品或投資策略時，企業形象往往是主要的考慮因素，投資人信任已證明其行為具道德的企業，他們認為選擇經營合乎道德的企業，包括透明度、可靠性和對股東友善的企業治理結構，是避免投資組合出問題的最佳策略。

我們從企業經營中發現，環境、企業之價值體系、目標與手段三者在本質上是環環相扣的。環境的變化，包括企業與員工的關係、企業對社會大眾的關係、企業對政府的關係等，都隨時變動

調整，過去以企業為核心，對政府、員工，與股東之間的不平衡三角關係，所衍生的價值體系，因為時空環境的變化，而趨於均衡。

1-3 商業道德守則

中國古代商道即經要求經商人要合義取利、價實量足等期盼。在現今社會主義世俗對商業品牌道德的基本要求是：為人民服務，對人民負責；誠信經商，以禮待客；遵紀守法，貨真價實；公平交易，誠實無欺等等。

經濟的發展企業追求超額獲利，從企業負責人或企業主管詐欺、舞弊等行

為層出不窮。可見企業負責人與企業主管的商業道德逐漸下滑。商業品牌道德是經濟發展的基礎，商場實務證明一味以追求財務目標，並非企業永續經營的方法，惟有維持良好的商業品牌道德才是企業長期生存之道。商業道德可從以下四個層面來看：

1. 法律層面

是以法律為標準，法律是最低階的倫理道德，針對遵循法令，一般僅是企業實踐社會責任的基礎要求與開端，在實務上法律的見解，則需進一步確認企業對法律遵循與否之態度。

2. 自由意願層面

個人道德 (Individual Ethics) 是規範如何待人處事的個人標準和價值觀。個人道德認知的形成，包括來自家庭、同儕、教育、人格、經驗及成長環境等因素所影響。

3. 道德層面

這個層面沒有特定的法律至少有基於分享的紀律和一些道義行為的價值標準。社會道德 (Social Ethics) 是社會管轄其成員的行事標準，諸如公平、正義、貧窮和人權問題。經以往的研究發現，社會道德不僅取決於一個社會的法律、風俗、實務，而且還含括那些影響人們相互交往的不成文價值觀和準則。

4. 經營者道德特質

在一個企業內部，高層管理者的個人道德認知，對於該組織道德規範的形成，具有舉足輕重的作用，員工常以高階管理者之意圖與行為做為個人倫理行為的指標。

企業的商業道德有助於提高員工敬業態度，員工敬業態度是指員工在企業中投入度的一個表現，員工敬業態度高的企業多數會有不錯的營運績效。企業的商業道德會直接影響員工的敬業態度，員工一旦認為企業沒有商業道德，員工的敬業態度會很嚴重的降低。因此提升企業的商業道德，或宣導企業的商業道德，特別是高層領導的商業道德，對提升員工的敬業態度有其正面效應。

1-4　消費權益議題

一、消費者保護法

消費者保護法係由立法院會同財團法人中華民國消費者文教基金會等民間團體所擬定的《消費者保護法草案》，歷經五年的討論審查後，於 1994 年 1 月 11 日三讀通過並送請總統於同日公布施行。

《消費者保護法》第 40 條：「行政院為研擬及審議消費者保護基本政策與監督其實施，設消費者保護委員會。」同條第 2 項明定：「消費者保護委員會以行政院副院長為主任委員，有關部會首長、全國性消費者保護團體代表、全國性企業經營者代表及學者、專家為委員。其組織規程由行政院定之。」每一任主任委員都是行政院副院長兼任。另同法第 6 條規定：「本法所稱主管機關：在中央為目的事業主管機關；在直轄市為直轄市政府；在縣（市）為縣（市）政府。」在全國各直轄市及縣市政府，均依法設有消費者服務中心、消費者保護官及消費爭議調解委員會，推動各項消費者保護工作。本章節相關參考資訊來源為行政院消費者保護會公開內容。

（一）消費者保護法立法目的

消費者保護法之立法目的主要有二：

1. 保障消費者權益：《消費者保護法》第 1 條第 1 項即明定本法之立法意旨為：「保護消費者權益，促進國民消

費生活安全，提升國民消費生活品質。」其目的就是要使消費者權益能夠獲得有效保障。

2. 促進企業良性發展：消費者保護法之立法目的，除了在保障消費者權益外，事實上也具有社會政策與經濟政策的使命。未來，由於消費者保護法之落實執行，將不但使消費者應有權益能獲得合理保障，也能帶動商品與服務品質的提升，促進企業良性發展。

（二）政府如何落實推動消費者保護工作？

消費者保護工作之範圍甚廣，因此必須依靠政府各部門、社會各界和消費者同心協力、共同重視，才能落實消費者保護工作。其中最重要之工作是與消費者關係最密切之企業經營者，應有重視消費者權益之觀念。政府推動消費者保護工作作法如下列：

1. 除依法建立消費者保護行政體系，如消費者保護官制度、消費者服務中心、消費爭議調解委員會及業務協調會報

外，將利用各種統計報表或有關調查資料以了解各項消費者問題之所在，研擬對應措施，制定或修訂相關法規。

2. 積極研擬消費者保護計畫，並請各主管機關檢討修訂現行法令，以有效落實消費者保護工作。

3. 積極推動消費者保護教育宣導工作，編印及發行消費者保護之書刊。

4. 協調並促請各企業經營者設立消費者申訴或服務中心，加強與消費者之溝通，提供良好服務，使申訴案件在消費者與企業經營者間妥為解決。

（三）企業經營者如何做好消費者保護工作？

消費者保護工作之目的，不僅為保障消費者權益，更是企業經營者為企業之永續經營所必須，企業經營者如能體認消費者權益與企業利益相輔相成之關係，並能依《消費者保護法》第 4 條規定，落實以下工作，當得促進消費者與企業經營者之良性發展：

1. 重視消費者之健康與安全

(1) 加強產品品質管理，防止有瑕疵之產品流入市場。危險產品應有警告標示，及載明使用、保存、處理危險方法及使用期限等。

(2) 產品流入市場有危害消費者安全與健康之虞時，應即收回或停止提供該產品，或為其他必要處理。

(3) 透過產品責任保險以分散企業經營者之責任，惟為降低保險費用，可由同業公會集體辦理產品責任保險。

2. 向消費者說明商品或服務之使用方法：
依《消費者保護法》第 5 條規定，企業經營者應致力充實消費資訊，向消費者說明商品或服務之使用方法提供消費者運用，俾消費者採取正確合理之消費行為。

3. 維護交易之公平：
企業經營者應配合主管機關檢討定型化契約，落實平等互惠、誠實信用原則，另刊登廣告內容不得誇大不實或引人錯誤，以降低消費爭議之發生，並提升消費生活品質。

4. 提供消費者充分與正確之資訊：
企業經營者對於郵購買賣或訪問買賣等交易型態，應提供充分與正確之資訊，俾消費者得以採取正確合理之消費行為。企業經營者並應依消費者保護法之規定，在買賣契約上明訂解除契約、回復原狀、費用負擔等規定，以防止消費爭議之發生。

5. 加強消費爭議處理：
為因應消費者保護法有關消費訴訟之規定，企業經營者應調整以往對消費爭議被動消極處理之態度，宜設立消費者服務中心，或消費者申訴電話專線，專責處理消費爭議案件，俾消費爭議盡可能透過雙方當事人和解解決，或透過消費爭議調解委員會申請調解解決，避免興訟之鉅大社會成本。

（四）企業經營者應如何對消費者負損害賠償責任？

企業經營者依消費者保護法規定，原則上應確保其所提供之商品或服務，符合當時科技或專業水準可合理期待之安全性，否則應就消費者損害負連帶賠償責任。惟各種企業經營者應負責任之程度不同，爰分別說明如下：

1. 從事設計、生產、製造商品或提供服務之企業經營者：
應負無過失損害賠償責任。即使企業經營者證明其無過失，仍應負責，惟法院得減輕其賠償責任。（第 7 條第 3 項）

2. 從事經銷之企業經營者：（第 8 條）

(1) 原則上不負無過失損害賠償責任：企業經營者就商品或服務所生之損害，如能舉證其對於損害之防免，已盡相當之注意，或縱加以相當之注意而仍不免發生損害時，即可不負損害賠償責任。

(2) 例外應負無過失損害賠償責任：改裝、分裝商品或變更服務內容之企業經營者，其性質已非單純經銷，而與重新製造無異，應負無過失損害賠償責任。

3. 從事輸入商品或服務之企業經營者： 應負無過失責任。輸入商品或服務之企業經營者，因為法律已明文規定，視為該商品之設計、生產、製造者或服務之提供者，故應負無過失損害賠償責任。（第 9 條）

4. 從事媒體經營之企業經營者： 僅負信賴損害賠償責任。刊登或報導廣告之媒體經營者，明知或可得而知廣告內容與事實不符的情形時，應就消費者因信賴該廣告所受之損害，負損害賠償責任（第 23 條）企業經營者依照消費者保護法規定，彼此應負連帶損害賠償責任，至有關聯帶責任及內部求償問題，應依民法有關規定辦理。

（五）企業應回收其商品或停止其服務

企業經營者於何種情形下，應回收其商品或停止其服務？

企業經營者依照《消費者保護法》第 7 條第 1 項規定，應確保其所提供之商品或服務，符合當時科技或專業水準可合理期待之安全性。如有事實證明該流通進入市場之商品或服務，具有危害消費者安全與健康之虞時，為避免消費者權益遭受損害，應回收或停止該有危險之商品或服務，以防免損害之發生或擴大。依照消費者保護法規定，企業經營者應回收其商品或停止其服務之情形及處罰，分別說明如下：

1. 主動回收或停止服務：（第 10 條）

(1) 原則：企業經營者於有事實足認其提供之商品或服務有危害消費者安全與健康之虞者，應即回收該批商品或停止其服務。如果商品或服務有危害消費者生命、身體、健康或財產之虞，而未於明顯處為警告標示，並附載危險之緊急處理方法者，企業經營者亦應即回收該批商品或停止其服務。

(2) 例外：如企業經營者以其他必要之處理措施，足以除去該商品或

服務對消費者安全與健康之危害可能性者，企業經營者即不必回收該批商品或停止其服務。

2. 命令回收或停止服務：

(1) 一般情況時：主管機關對於企業經營者提供之商品或服務，經依照《消費者保護法》第 33 條調查後，認為確有損害消費者生命、身體、健康或財產，或確有損害之虞者，應命其限期改善、回收或銷燬，必要時並得命企業經營者立即停止該商品之設計、生產、製造、加工、輸入、經銷或服務之提供，或採取其他必要措施。（第 36 條及第 38 條）

(2) 緊急情況時：主管機關於企業經營者提供之商品或服務，對消費者已發生重大損害或有發生重大損害之虞，而情況危急時，除為第 36 條之處置外，應即在大眾傳播媒體公告企業經營者之名稱、地址、商品、服務、或為其他必要之處置。（第 37 條及第 38 條）

3. 違反之處罰：對於違反之企業經營者處罰如下：

(1) 企業經營者違反主管機關依第 36 條或第 38 條所為之命令者，處新臺幣六萬元以上一百五十萬元以下罰鍰，並得連續處罰。（第 58 條）

(2) 企業經營者有第 37 條規定之情形，主管機關除依該條及第 36 條之規定處置外，並得對其處新臺幣十五萬元以上一百五十萬元以下罰鍰。（第 59 條）

(3) 企業經營者違反消費者保護法規定情節重大時，地方主管機關報經中央主管機關核准者，得命令該企業經營者停止營業或勒令歇業。（第 60 條）

（六）消費者保護團體

所謂消費者保護團體，依照《消費者保護法》第 2 條第 6 款規定，是指以保護消費者為目的而依法設立登記之法人。其意義說明如下：

1. 消費者保護團體為社會團體：依照《人民團體法》第 4 條規定，人民團體分為職業團體、社會團體及政治團體三種。消費者保護團體依其性質，應屬於社會團體中的一種特別團體。

2. 消費者保護團體有成立的特別目的：消費者保護團體須以保護消費者權益、推行消費者教育為其成立宗旨目的，這也是消費者保護團體與其他社會團體最大不同之處。

3. **消費者保護團體以財團法人或社團法人為限**：依法成立的人民團體，不一定均取得法人的資格，由於消費者保護團體在消費者保護工作上具有特別的作用及目的，為避免浮濫，因此，限為須依據人民團體法及其他相關法令規定向主管機關申請設立之財團法人或社團法人，方為消費者保護法所稱的消費者保護團體。

目前大眾所熟知的消費者保護團體有下列：

財團法人中華民國消費者文教基金會、社團法人台灣消費者保護協會、財團法人崔媽媽基金會、主婦聯盟環境保護基金會、中華民國汽車消費者保護協會、中華民國消費者保護協會。

（七）懲罰性賠償金

所謂懲罰性賠償金，是一種以懲罰加害人主觀上惡性為出發點的賠償制度，而非以被害人實際所受損害來定賠償數額。被害人實際所受損害，充其量祇是作為計算懲罰性賠償金時的基準或參考而已，與一般損害賠償制度係以填補損害的情形不同。我國《消費者保護法》第51條已引進懲罰性賠償金制度，爰予說明如下：

1. **目的**：為促使企業經營者重視商品及服務品質，維護消費者利益，懲罰惡性之企業經營者，並嚇阻其他企業經營者仿效，我國《消費者保護法》第51條亦參酌美國、韓國立法例，而為懲罰性賠償金之規定。

2. **規定**：消費者依照消費者保護法所提的訴訟，依照《消費者保護法》第51條規定，可以請求下列懲罰性賠償金：

   (1) 故意：如果因企業經營者故意所致之損害，消費者得請求損害額三倍以下之懲罰性賠償金。

   (2) 過失：如果因企業經營者過失所致之損害，消費者得請求損害額一倍以下之懲罰性賠償金。

二、公平交易法

《公平交易法》，顧名思義是促進公平交易的法律，也就是為維持自由市場經濟的基本秩序而訂定企業活動規則，亦可稱之為經濟基本法。

公平交易法所規範的範圍可分為兩大部分，一為對事業獨占（包括寡占）、結合與聯合行為的規範，另一部分是對不公平競爭行為的規範。其宗旨在使事業經營者可立於公平的基礎上從事競爭，進而提高事業經營效率，促進整體經濟資源合理分配，同時透過公平合理的競爭，使業者都能以「貨真價實、童叟無欺」的方式，提供商品或服務，間接嘉惠消費者。

消費者保護法具有消費者保護基本法性質，與公平交易法僅為保護消費者利益之一種立法不同，該兩法之關係如下：

1. 消費者保護法之立法，主要在規定政府、企業經營者、消費者及消費者保護團體之關係，包括範圍甚廣，牽涉各有關部會，故消費者保護法不能併入公平交易法中規範。

2. 公平交易法之立法，主要目的在建立交易行為之規範，例如反獨占、反傾銷、聯合獨占、壟斷或其他不正當之競爭等。

3. 公平交易法原則上不涉及商品本身之實質問題，例如食品衛生及商品標示等，均依其他法律規定辦理，不予列入。

4. 公平交易法固亦有保護消費者權益之作用，但不能涵蓋所有保護消費者權益之法律關係，僅為消費者保護法律之一種而已。

（一）降價促銷從事競爭

何謂「競爭」？事業若以降價促銷從事競爭是否違反公平交易法？

《公平交易法》之立法目的即在確保公平競爭。依據《公平交易法》第4條，競爭係指「二以上事業在市場上以較有利之價格、數量、品質、服務或其他條件，爭取交易機會之行為。」

因此，任何價格競爭，縱令是蝕本賤賣，原則上並不違反公平交易法。惟廠商如以排除競爭對手或破壞市場競爭之目的，而為低於成本之削價行為（如掠奪性訂價行為），則例外有違反公平交易法之可能。至於廠商之價格競爭是否有排除競爭對手或破壞市場競爭之虞，應斟酌當事人之意圖、價格及成本結構、對他事業進入市場之障礙程度以及有無其他正當理由等因素，再作綜合判斷。

（二）公平交易法所規範的行為

公平交易法條文中明文規範的行為包括：

1. 獨占事業不得以不公平之方法，直接或間接阻礙他事業參與競爭，或對商品價格或服務報酬為不當之決定、維持或變更，或無正當理由，使交易相對人給予特別優惠，或其他濫用市場地位之行為。

2. 事業結合達一定規模者，應先向中央主管機關提出申報，如應事前提出申報而未申報、提出申報但於等待期間即逕行結合，或申報後經中央主管機關禁止其結合而為結合，或未履行中央主管機關對於結合決定所附加的負擔，將受禁止結合或其他必要之處分。

3. 禁止事業之聯合行為，惟合乎第 14 條例外規定情形，而有益於整體經濟與公共利益，並經申請中央主管機關許可者，不在此限。

4. 約定商品之轉售價格者，其約定無效。

5. 凡下列行為而有限制競爭或妨礙公平競爭之虞者，均在禁止之列：

   (1) 以損害特定事業為目的，促使他事業對該特定事業斷絕供給、購買或其他交易之行為。

   (2) 無正當理由對他事業給予差別待遇之行為。

   (3) 以脅迫、利誘或其他不正當方法，使競爭者之交易相對人與自己交易之行為。

   (4) 以脅迫、利誘或其他不正當方法，使他事業不為價格之競爭、參與結合或聯合之行為。

   (5) 以脅迫、利誘或其他不正當方法，獲取他事業之產銷機密、交易相對人資料或其他有關技術祕密之行為。

   (6) 以不正當限制交易相對人之事業活動為條件，而與其交易之行為。

6. 禁止事業就其營業所提供之商品或服務有仿冒他人商品或服務表徵之行為。

7. 禁止事業在商品或其廣告上為虛偽不實或引人錯誤之表示或表徵之行為。廣告代理業與媒體業在明知或可得知情況下仍製作、設計、傳播或刊載引人錯誤廣告者，應與廣告主負連帶損害賠償責任。

8. 禁止事業為競爭之目的而陳述、散布足以損害他人營業信譽之不實情事。

9. 禁止事業為其他足以影響交易秩序之欺罔或顯失公平之行為。

（三）公平交易法所規範的對象

公平交易法規範的對象，包括「事業」以及事業爭取交易的「行為」。所謂「事業」，依該法第 2 條規定，包括下列四種類型：

1. 公司

指以營利為目的，依照公司法組織、登記、成立之社團法人。無論其種類為無限公司、有限公司、兩合公司或股份有限公司等均屬之。此外，以營利為目的，依照外國法律組織登記，並經我國政府認許，在本國境內營業之外國公司，亦包括在內。

2. 獨資或合夥之工商行號

指以營利為目的，以獨資或合夥方式經營，依商業登記法或其他法令，經主管機關登記之行號。

3. 同業公會

指一定地區內具有相同職業之人，依據法律而組成之法人團體，並能獨立為權利義務之主體。

4. 其他提供商品或服務從事交易之人或團體

係概括規定，用以涵蓋不屬前三種類型之行為主體。例如農會、漁會等，如從事農漁產品之加工、運銷、生產等行為時，即屬之。

（四）聯合行為申請許可

那些型態之聯合行為可向公平交易委員會申請許可？

依據公平交易法之規定，事業原則上不得為聯合行為，但若符合第 14 條所列七款之行為類型，而有益於整體經濟與公共利益，並經公平交易委員會許可者，不在此限。至於該七款得例外許可之聯合行為類型為：

1.

為降低成本、改良品質或增進效率，而統一商品規格或型式者，一般稱為「統一規格或型式之聯合」。

2.

為提高技術、改良品質、降低成本或增進效率，而共同研究開發商品或市場者，一般稱為「合理化之聯合」。

3.

為促進事業合理經營，而分別作專業發展者，一般稱為「專業化聯合」。

4.

為確保或促進輸出，而專就國外市場之競爭予以約定者，一般稱為「促進輸出之聯合」。

5.

為加強貿易效能，而就國外商品之輸入採取共同行為者，一般稱為「加強貿易效能輸入之聯合」。

6.

經濟不景氣期間，商品市場價格低於平均生產成本，致該行業之事業，難以繼續維持或生產過剩，為有計畫適應需求而限制產銷數量、設備或價格之共同行為者，一般稱為「因應不景氣聯合」。

7.

為增進中小企業之經營效率，或加強其競爭能力所為之共同行為者，一般稱為「增進中小企業效率之聯合行為」。

（五）不實廣告《公平交易法》（第 21 條）

事業不得在商品或廣告上，或以其他使公眾得知之方法，對於與商品相關而足以影響交易決定之事項，為虛偽不實或引人錯誤之表示或表徵。

前項所定與商品相關而足以影響交易決定之事項，包括商品之價格、數量、品質、內容、製造方法、製造日期、有效期限、使用方法、用途、原產地、製造者、製造地、加工者、加工地，及其他具有招徠效果之相關事項。

事業對於載有前項虛偽不實或引人錯誤表示之商品，不得販賣、運送、輸出或輸入。

前三項規定，於事業之服務準用之。

廣告代理業在明知或可得而知情形下，仍製作或設計有引人錯誤之廣告，與廣告主負連帶損害賠償責任。廣告媒體業在明知或可得而知其所傳播或刊載之廣告有引人錯誤之虞，仍予傳播或刊載，亦與廣告主負連帶損害賠償責任。廣告薦證者明知或可得而知其所從事之薦證有引人錯誤之虞，而仍為薦證者，與廣告主負連帶損害賠償責任。但廣告薦證者非屬知名公眾人物、專業人士或機構，僅於受廣告主報酬十倍之範圍內，與廣告主負連帶損害賠償責任。

　　前項所稱廣告薦證者，指廣告主以外，於廣告中反映其對商品或服務之意見、信賴、發現或親身體驗結果之人或機構。

品牌意涵
——認識品牌價值

 2-1 　緒　論

　　臺灣經濟部工業局於 2022 年推動「台灣品牌耀飛計畫」，其重點推動策略為以下七點：

1. **自評系統**：提供具即時性與便利性的企業品牌健檢服務，獲得自評結果解讀及初步指引。
2. **診斷**：針對企業自有品牌發展現況進行深入診斷，釐清品牌發展的癥結點並提供建議。
3. **輔導**：依據企業品牌發展階段需求，提供客製化品牌輔導專案。
4. **智財**：以智財權全方位支援品牌企業之國際發展，並強化品牌企業之機密保護。
5. **人才**：本項服務將提供系統化品牌管理訓練，打造品牌交流平台與培育專業品牌經紀人。
6. **情資**：品牌情資中心聚集於品牌相關議題研究，同時進行消費者調研，作為企業進軍海外市場的重要情資。
7. **貸款**：本項服務提供自有品牌推廣海外市場之貸款申請，鼓勵企業建立自有品牌及協助國際上推廣自有品牌。

（資料來源：經濟部工業局 耀飛計畫網站）

　　由此可知臺灣政府投入相關資源以整合並強化臺灣品牌企業競爭力，其待臺灣品牌傲然於全球綻放。

　　回溯臺灣經濟部於 2003 年起推動「品牌臺灣發展計畫」為臺灣國際品牌進行價值調查與表揚，計畫由經濟部國際貿易局主辦、對外貿易發展協會執行，數位時代雜誌、國際品牌顧問公司 Interbrand 等協辦，為臺灣的國際級品牌評估出具體的品牌價值，標示其在全球市場競爭力的具體座標。臺灣品牌發展因國去替國際品牌代工進而帶動國內業者開始重視「品牌獲利」的概念，數十年來臺灣業者代工經驗與品牌學習，奠定諸多產業優質業者早已具備自建品牌能力，並熟知市場需求與品質控管，面對代工利潤的壓縮與委託客戶競價，亦使臺灣的代工業者選擇自創品牌乙途。

　　隨著產業變化快速、競爭加劇，品牌形象與維護重要性已不可輕率。在整個企業的行銷策略當中，實在難找到還有任何比品牌更重要、更難經營的任務。品牌可能是無形的、沒有實體的一個名稱，也可以說是一種符號，它用來識別

不同企業的產品和服務，進而和競爭者有所區別，企業若擁有知名與被信賴的品牌，將可以獲致強大的競爭優勢，甚至建立進入障礙。

在琳瑯滿目眾多同質性競爭商品中，如何使商品脫穎而出？在競爭者繁多的市場裡，如何讓顧客願意支付較高價格購買？答案是「品牌」。品牌，它不只是無所不在、隨處可見，以及具有各種功能，更以感性訴求與人們的生活有著密切的連結，唯有當產品、服務和顧客激發出感性的對話，品牌才由此衍生。

品牌為企業一項重要資產，在良好的品質、便利的通路之外，優良的品牌形象能使得企業快速獲得極佳利潤，達到成長目標。因此，在多元資訊行銷的時代，將品牌視為資產的管理方式，將有助於產品脫離價格戰的最佳方法。

檢視全球化企業的行銷潛規則，已經進入到「品牌領導」的操作模式。「行銷」是企業最重要的功能；「品牌」則是行銷的核心。品牌是行銷之根，沒有品牌的行銷就是「無根的行銷」，沒有品牌的企業在行銷的海洋中，就像無舵的船一樣，終日漂浮，無所依據。品牌不只是代表一個企業的品質、形象等等，更是一種無形的東西，對顧客而言一種很主觀的感覺，品牌不僅僅是指一個圖案，更可以達到教育顧客的目的，將企業理念傳達給顧客，同時也會減少顧客

認知錯誤所造成的服務錯誤，所以品牌對於顧客在購買決策過程的影響力日益重要，因此，品牌的管理與經營在任何擁有或想創造品牌的企業中已成為一個重要的課題。

Aaker 認為企業擁有市場行銷遠比擁有製造工廠更為重要，企業欲擁有行銷優勢以統制市場，必須先擁有強勢的品牌；Urde 亦主張品牌導向 (brand-oriented) 是企業維持生存與成長的關鍵策略；如今建構強勢品牌已形成企業之核心資源能力，進而統制市場以創造企業競爭優勢（如國際品牌 NIKE, Microsoft, Sony, McDonald's, Unilever, P&G）。

競爭激烈的市場充斥同質性高的商品，所以多數企業面臨的課題是如何保有長期的競爭優勢？經營企業、營運獲利的方法很多，採行削價競爭，確實能為公司帶來短期的利潤，但就長期觀點此並非最佳之策，有的企業不斷地引進最先進的機器設備，憑藉廠商產品精良的品質，讓「產品自己說話」；有的企業擴大投資或在海外設廠，以求降低產品製造成本；有的公司將重點放在物流配送系統，以快速服務、準確配送為競爭武器。在企業經營「價值鏈」(value chain) 的構型中，策略的制定和核心能力 (core competency) 可以順利接軌的話，企業大概是可以有機會獲利的。

但是唯尋覓有差異化的商品才能免於市場的高速汰換,而品牌管理則為最具願景性的差異化策略,品牌能視為企業的長期資產、並賦予產品屬性外的附加價值,顧客則視品牌為購買決策重要的依據,以減少購買時所需投入的時間與心力。

雖然行銷利潤或品牌利潤可以超過研發利潤,但持有這種想法的企業卻是鳳毛麟爪,臺灣多數傳統產業管理的重點仍在生產基地的外移和生產效率的提升,具有突破性產業具選擇在研究發展上力圖精進。檢視數十年來在國際市場上,特別是美國、歐洲與日本這三個大市場,全臺灣是否有企業是以行銷為核心能力制定行銷策略的?在這些企業中,又有哪些企業是以品牌為核心行銷能力制定行銷策略的?似乎能例舉代表企業極少。

因此,許多企業經營者希望透過「品牌經營」來達成績效目標,因此行銷部門的責任越來越重,而品牌經營的權責,也往往直通企業核心。企業的經營者親自參與品牌的例子越來越多,而且,可以將品牌價值量化的評估機制接連出現!身為品牌經營者,或利潤中心的行銷主管,相信必定將面臨更高標準的要求。

2-2　品牌之定義

Aaker 認為:「一個企業的品牌是其競爭優勢的主要泉源和富有價值的戰略財富。」有效的品牌能創造產品的差異性,建立顧客的偏好與忠誠,讓企業搶下市場大餅。而一個成功的品牌是公司最重要的資產,能為公司創造持久的獲利能力,品牌是企業追求永續經營的立基點,品牌的大小,其最大差別是在這個商品「能夠被多少顧客知道或看到」。品牌要能讓顧客知道,就有賴媒體廣告宣傳;品牌要能讓顧客看到甚至購買,就必須靠通路鋪貨紮根。品牌,無非就是在顧客心目中占據一個字眼,是一個別具獨特性與差異性的名詞,必須是由顧客所認定且認同,才叫品牌。

實務上對品牌的看法則有些許不同,認為品牌除了傳遞產品的範圍、屬性、品質與用途等功能性利益之外,品牌還提示了個性、與使用者之間的關係、使用者形象、原產國、企業組織聯想、符號、情感利益、自我表達利益等。

品牌即企業對顧客的承諾，堅持提供某種特定的特徵、利益與服務組合，品牌所能傳遞的意向，包括產品屬性、利益、生產者的價值觀、文化與品牌這三層意義等同於品牌的精髓，最能夠展現持久的品牌意義。

以上大致都是以品牌的功能面來介紹品牌，以顧客的角度為出發點，品牌最後通常會變成一個以顧客為基礎的商譽，並會在顧客與企業產品之間形成某種感性的連結。

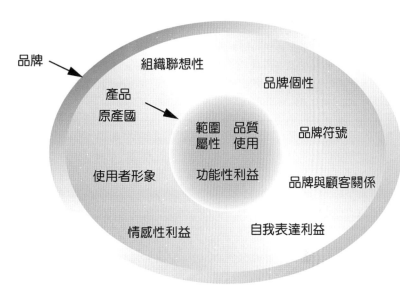

➡ 圖 2-1　品牌的意涵。（資料來源：Aaker, D. A. Building Strong Brands. N.Y.: The Free Press.）

有關品牌內涵，論者的見解不一，以下將彙整早期重要論點，現今學者所提出之新論點亦多數由下列內容所延伸：

 表 2-1

出處／時間	內　容
美國行銷協會 (American Marketing Association, AMA)	是一個名字、術語、符號、標誌、設計、或前述的組合。
Chernatony & McWilliam，1989	是一個辨認圖案，是一致性品質承諾和保證，是自我形象投射的方式，以及消費者決策的輔助工具。
Doyle，1990	是名字、符號、設計或其組合的運用，使得產品或是特定的組織能具有持續性的差異化優勢。
Farquhar，1990	是一個能使產品超過其功能而增加其價值的名稱、符號、設計或標誌。

 表 2-1 （續）

出處／時間	內　　容
Park, Milberg & Lawson，1991	品牌有兩個概念，分別是功能導向的品牌概念 (function-oriented brand concept)，由產品功能而得的概念，和聲譽導向的品牌概念 (prestlge-orientedbrandconcept) 從品牌得到的高身分地位及特殊尊貴的感受。
Kapferer，1992	是一種意識 (sense)，一個關於產品的意義，源自於產品，在彰顯產品製造者的意念 (intention)，內含製造者對產品的價值觀，目標在市場區隔，確保有長期的差異性。
Upshaw，1995	是經濟核心，它被視為名字、標誌和外在的象徵，讓同類型產品或服務彼此間作出區分，可以鼓勵消費，且品牌的互動可促進整體商業的發展。
Aaker，1996	包括企業組織聯想；生產地、使用者形象、情感依附的價值、自我表達的價值、品牌特性、符號（即標誌）、品牌和顧客關係、產品（含範圍、屬性、品質和使用）等，亦即品牌包含了產品。
David A. Aaker，1998	是抽象的，可能是一種感受、信賴、服務或是總合的經驗，其基礎源自於產品本身。
Schmitt，1999	是為顧客創造不同的體驗形式，包括感官、情感、思考行動與關聯等體驗的模組。
Aakerr & Joachimsthaler，2000	包括企業組織聯想、生產地、使用者形象、情感依附的價值、自我表達的價值、品牌個性、符號（即標誌）、品牌和顧客關係、產品（含範圍、屬性、品質和使用）等，亦即品牌包含了產品。
Seetharamam, Mohd Nadzir & Gunalan，2001	為一項資產，不一定是實體存在，且它的價值也無法被精確的定義。
Kotler，2002	是一個複雜的符號至少能表現六種特殊的意義，包括：屬性、利益、價值、文化、人格、使用者。
Marketing Definitions Brand，2003	是消費者心中所有觀點的集合。

由前述的整理可得知，品牌概念所牽涉的範圍十分廣泛，大體上應兼具實體和抽象兩個層面的內涵，分述如下：

（一）實體層面

品牌指的是一個具特殊性的名字、術語、符號、標誌、設計或是前述的綜合體，是可看見、可感受的相關產品屬性、品質、用途、功能或服務。

（二）抽象層面

品牌代表一種組織性或社會性的文化，是一種內存於顧客心中的綜合性經驗，並且是企業無形的資產，顧客可據以區別它和其他競爭者的差異。

因此，就廣義品牌介紹，應包含實體層面和抽象層面的內涵，也就是具有異於其他競爭性產品或服務的明顯特性，並能提供顧客實際利益或滿足其身心需求，且所提供的產品或服務，具有一貫的堅持或主張。

品牌所關切的是顧客，而非企業本身。這個原則強調的是，在建立品牌形象時，企業應先想清楚預計將品牌推向何處？目標市場和目標客戶為何？品牌行銷策略應關切的是終端使用者的利益，而非企業本身的利益。所謂建立品牌，就是經由設計與企劃，讓企業本身的產品和在市場上其他的同質產品有所區隔。

品牌意涵的三個重點：

1. 品牌是有形的名字、術語、符號、標誌、設計或前述的組合，用以區分有別於競爭者的產品或服務。
2. 品牌是無形的，是顧客對產品或服務的記憶、感受、信賴和前述總合性經驗，對顧客具有特別意義、情感、自我表達等方面的益處，也反映一種文化、使用者身分或形象。
3. 品牌是一種契約，反映製造者賦予產品的意念或價值，也反映企業經營的思考過程、策略或承諾，顯示顧客和製造者的關係。

例如：當我們想要吃台菜，腦中浮現的名稱是什麼，這個名稱就是所謂的品牌，如同台菜之於欣葉。

➡ 圖 2-2　臺灣菜第一品牌欣葉台菜創始店，1977 年在臺北市雙城街開幕。煎豬肝、滷肉與菜脯蛋等是消費者心中最經典的佳餚。（資料提供：欣葉集團）

品牌其實是一複雜的象徵，它可以傳遞六種意義給顧客

1. 屬性 (attributes)：例如：品質良好的、昂貴的、耐久的。
2. 利益 (benefits)：屬性可轉換為功能或是情感型的利益。
3. 價值 (value)：傳遞生產者的價值。例如：安全、耐用、品質佳等。
4. 文化 (culture)：銷售者的文化，例如：高度績效的、要求嚴謹的或是開朗活潑的。
5. 個性 (personality)：品牌亦可以反映出某些個性，例如：賓士車會以成功的人物來代表，而可樂則會以流行偶像來代言。
6. 使用者 (user)：由品牌可以看出購買者或使用該產品的顧客類型。例如：我們會預期看到一成功的中年男子乘坐賓士車，而非 20 歲的在學學生。

另外，品牌並非僅是一個名稱、標示、顏色、或是一個符號，它是一種行銷或者是任務的工具，它代表著銷售者允諾將一組一致性且特定產品特性、利益、服務給購買者。更重要的是品牌代表一連串的承諾，它傳遞著信任、一致性及期待。

品牌之定義甚多，包括品牌名稱 (brand name)、品牌名詞 (brand term)、品牌標誌 (brand mark)、商標 (trade mark)、公司名稱 (company name) 等，可以是一個名詞、術語、符號、標記，或設計，或是這些的組合，用來指認賣方的財貨或服務，而有別於其他的競爭者。

根據美國行銷協會 (American Marketing Associations) 的定義，「品牌是指一個名稱 (name)、句子 (term)、訊號 (signal) 符號 (symbol) 或設計 (design)，或者是以上的組合，品牌可用來作為與區隔的表徵」。

讓顧客可以藉由品牌確認出商品的製造者及銷售者。故品牌 (brand) 是一個名稱（文字、聲音）、名詞（文字、詞）、標記（註冊商標）、符號、設計或以上各項的綜合，試圖來辨認廠商間的產品或服務，且進而與競爭者產品具有差異化。

另外，品牌名稱則是品牌的一部分，包括了字母、單字及數字等。而品牌無法被說出來部分，則稱為品牌標誌，例如奧迪汽車的四個圈圈，還有大家熟悉的賓士汽車一個圈圈中的三角星星標誌。因此，品牌不只是一個名稱、象徵、圖案，它把產品在市場的意義帶給顧客，使其相信品牌有助強化它在社會上的地位。更進一步，品牌識別的資產不局限於有形圖案，音樂、廣告標語等也是很重要的無形品牌識別資產，且與有形識別之意義相同。例如星巴克「Thank you, Good things are happening」、麥當勞的「I'm lovin'it」等，已讓品牌在延伸上有無限的想像空間！

雖然美國行銷協會曾對「品牌」定義：是一個名稱、名詞、標記、符號、設計、或以上各項的綜合，試圖來辨認廠商間的產品或服務，且進而與競爭者產品具有差異化，但這樣的定義卻不易看出品牌的威力，以及品牌對產品所帶來的附加價值。「品牌囊括一切，包含顧客在使用產品或服務的整個經驗中，所產生的有形及無形的利益，這個經驗包括任何有關產品或服務的傳遞，和顧客溝通的行銷過程，如品牌名稱、設計、廣告、產品或服務本身、經銷通路及聲譽。」

➡ 圖 2-3　德國小甘菊產品皆在德國研發製造生產。
（資料提供：德國小甘菊）

➡ 圖 2-4　繆思伯格 MOOSBURGER 是奧地利百年品牌，以馬毛產品著稱。（資料提供：繆思伯格）

在目前競爭的商業環境中，「品牌」是一種重要而可衡量之資產。簡單的說，被人認同的品牌代表一種「信任」、一種「好感」，顧客越來越重視「品牌」，往往以「品牌」來決定消費行為，在這種情形之下，「品牌」的經營與「企業的成長」息息相關，市場上的「第一品牌」，在行銷戰中往往可以極大的優勢可以脫穎而出，但不免也必須隨時面對「第二、第三品牌」的虎視眈眈，他們企圖用各種方式，搶走「第一品牌」的位置！

LaForest & Saunfers 將品牌型態區分為公司 (corporate) 品牌名稱、部門 (house) 品牌名稱、家庭 (family) 品牌名稱、獨有 (mono) 品牌名稱、實際 (virtual) 品牌名稱與說明 (description) 六類；在品牌命名策略上，有某些個案，其所有產品皆使用公司名稱，例如：黑松 (HeySong) 和味丹 (Vedan) 及維力 (Weilin)；或在其他個案中，製造商為新產品而指定與公司名稱無關之個別品牌名稱，例如：LVMH 集團旗下有 LOUIS VUITTON 精品跟 RIMOWA 皮箱、聯合利華 (Unilever) 的立頓紅茶和寶僑 (P&G) 的海倫仙度絲；零售商根據商店名稱或其他因素創造自有品牌，例如：王品餐飲旗下有陶板屋、西堤、聚等品牌。

從上列說明可得知品牌已不僅是產品或服務之符號、標誌、設計及名稱；更可擴及整個企業組織，如果將整個企業組織視為品牌，進一步將其定位於顧客之心目中，以維持企業組織之競爭優勢。因此新論點的品牌意義範圍甚廣，含括產品服務之品牌、企業之品牌、品牌知名度、品牌識別、品牌形象、品牌個性、品牌行為、品牌文化。

以顧客基礎觀點，亦包括品牌回憶、品牌聯想、知覺品質、品牌忠誠度、品牌知識、品牌態度、認知品牌個性、知覺品牌行為。由此觀之，學術界與實務界對於品牌的重視均有共同之看法。

➡ 圖 2-5　2021 年田中馬拉松十週年，重新設計田中馬 CI，以矩形、圓形切割。
（資料提供：田中馬拉松）

行銷實務界認為「品牌」雖建基於商品（或服務），但並非任何商品（或服務）都可以被稱之為「品牌」，品牌必須包括符號、名稱或設計圖樣、聲音。「品牌」是一種概念和感覺，為了讓這種概念和感覺「具象化」，企業會以觀念、文字、圖象設計和聲音等形式來象徵產品、服務以及公司的「品牌」。麥當勞使用一個「M」的 logo，Intel 的廣告最後都有一個「音效」，而 104 人力銀行「不只找工作，為你找方向」，從 1996 年成立至今（26 年），近期積極為中高齡謀生找出路，幫助有經濟壓力的對象，為其訓練培育，因應未來高齡化社會到來，人才的缺口與供給。

每一個品牌一定都代表著一個產品或服務，但是當一個產品被包裝成品牌後，它還被賦予更多無形的資產，而形成獨一無二的品牌。所以品牌不僅僅是產品，還包括了品牌管理者所創造的品牌識別、品牌背後的企業聯想、使用者形象及顧客的親身體驗。

品牌從有形到無形資產均可加以涵蓋。因此，品牌經營人員必須有以下思維：

1. **視品牌為產品：**

顧客想到品牌就想到產品，其實並不那麼重要，因為品牌已被提示，真正我們想要知道的是，顧客想要買某項產品時，會不會想到我們的品牌，而將我們的品牌列入選購名單內。

2. **視品牌為識別：**

成功的品牌有一明確又獨一的識別資產，對消費者而言，易於在眾多品牌中記憶與分辨；對企業而言，歷年的投資可以被累積且可延伸應用此識別於新產品或服務。

3. **視品牌為使用者：**

對於企業名即為品牌名的品牌，顧客較易於辨認企業與品牌的關係，企業所做所為均會成為品牌聯想的一部分，其可能替品牌加分或減分。

4. **視品牌為體驗：**

生活品質提高，顧客要求附加價值；商品同質性提高，功能性價值式微；零售通路快速竄起，通路品牌體驗日趨重要，品牌體驗應視為品牌聯想獨立因素之一，使品牌聯想資產管理更為完整。

探討品牌形式的四個基本概念：

1 品牌就是產品。

2 品牌就是企業。

3 品牌就是人。

4 品牌就是符號。

➡ 圖 2-6　INPARADISE 饗饗：回歸 buffet 豐富多元的本質，展現精緻飲食文化的風格，透過響亮的品牌名，提醒大家對品牌的印象。
（資料提供：饗賓餐旅）

簡而言之，「品牌」是一個企業和顧客之間的聯繫，它的特質是一貫的、延續性的。「品牌」是企業的「代言人」，將產品與服務的相關資訊傳到市場。「品牌」是顧客做決定時的主要參考依據，為了讓顧客更容易感受它，它的形態可以是「文字」、「標誌」、「圖案」、「聲音」以及「概念」……，不斷的提醒顧客「它」的存在。

由品牌的基本定義中,品牌共同構成之資產包括下列各項必須加以妥善管理:

1. **品牌名稱**:是指品牌中發聲,被語言讀出來的部分如:BMW、Sony、Yamaha、KIA、herbacin、THERMOS、Costco。

2. **品牌標誌**:是指品牌中僅能在視覺上辨認如:蘋果公司 (Apple Inc.) 的標誌可激起顧客印象、記憶,引起顧客購買慾望。

3. **商標**:商標是品牌的專用權,商標是經由註冊品牌;知名的品牌都需要註冊商標,才能保障企業自己獨占品牌的回報。

4. **版權**:企業為了保護整個品牌設計、造型、圖案及美術構想的版權不受侵犯。

➡ 圖 2-7　德國小甘菊護唇膏系列,透過品牌標誌激發顧客印象。(資料提供:德國小甘菊)

2-3　品牌之歷史與發展

企業的產品在工廠或服務地點製造出來,品牌則塑造在顧客的腦海中。herbacin 德國小甘菊 1905 年創立於德國中部,是德國的經典護膚品牌。一百年來,herbacin 德國小甘菊就以自行種植產品所需的植物聞名全歐洲,且依傳統配方製造產品,更是成為歐洲人手一款的天然護膚品牌。直至今天,這個傳統仍被 herbacin 德國小甘菊完整保留。

品牌或品牌名稱,是一組有價的簡要詞彙,顧客和企業團體的購買者能長期信賴這個名字,相信它能長期保持不變(或更佳)。它讓產品或服務得以於激烈的競爭中脫穎而出。

遍布全球的品牌,在全球各角落的影響力並不相同。最偉大的品牌,是指那些在全球各地人人皆知且喜愛渴求的名字。很重要的是,在考量品牌的力量

與價值時，聰明的品牌創建人必須清楚品牌名稱的含義、遍布程度、及全球知名度。許多品牌聞名全球，如可口可樂 (Coca-Cola)、李維牛仔褲 (Levi's)、耐吉 (Nike)、新力 (Sony)、香奈兒 (CHANEL)、UNIQLO（優衣庫）、Heineken（海尼根）、AMAZON（亞馬遜）、LV（路易威登）、L'OREAL（萊雅）等等眾多品牌。

現實生活中，品牌充斥著整個社會，而在學術研究上有關品牌的相關論述也十分多，如果要知道顧客心中對於品牌的看法，首先便必須了解品牌歷史，在品牌歷史的初期，品牌基本功用是在於提供所有權的辨識。品牌透過一個名稱、符號的標示，人們可以很容易找出同商品之間的差異性，能完全的知曉這個商品的製造商為何人。故品牌是一個名稱、名詞、標記、符號、設計或以上各項的綜合，用來辨認廠商間的產品或服務，進而與競爭者產品具有差異化。

數世紀以來，品牌一直是不同生產者間的產品區分方式。事實上，品牌一詞源自於北歐文字「brandr」，意思是加以「烙印」，因為品牌曾經是牲畜主人用來標記與識別這些動物的方式。直到二十世紀，建立品牌的工作才開始正式普及，但在此之前，因手工藝師傅的聲譽所建立之品牌聲譽可以維繫幾世紀之久。

➡ 圖 2-8　百年德國小甘菊經典護手霜系列，深受消費者喜愛，更是歐洲人人手一款的天然護膚品牌。（資料提供：德國小甘菊）

➡ 圖 2-9　「呷七碗生技」致力健康飲食觀念之推廣，開發有益健康的食品，創造品牌價值。2022 年獲得食品工業發展研究所「銀髮友善食品」的肯定。（資料提供：呷七碗生技）

第二次世界大戰結束後，由於美國的資源都投注於戰爭之中，促成消費大眾對各種短缺物資的渴求。所有的人都在為打造穩定安全的新生活而努力，對生活的安全感部分來自有成家的能力，以及能提供舒適優雅的居住環境，而這些在先前戰爭和（美國）經濟大蕭條時，幾乎是不可求的事。隨著零售業的成長和普及，品牌變成製造商用來代表產品商譽的標記。對製造商而言，這個時機再好不過。他們很難生產足夠的商品，以滿足饑渴大眾的需求。許多今日的偉大品牌都在這段時期成長茁壯，攸關品牌經營 (brand management) 的策略和知識亦然。

著名的 AIDA 模型 (AIDA model) 即興起於戰後，AIDA 模型認為品牌經營首先應建立品牌知名度 (awareness)，繼而創造或引發顧客對品牌的興趣 (interest)，接著以滿足某些真正或想像的需求為由，塑造購買該品牌的欲望 (desire)，最後鼓吹顧客採取行動 (action) ——購買該品牌。AIDA 模型多年來一直被奉為圭臬直到跟不上世界快速變遷的腳步，才不再適用。基於以上的理論，行銷界的 4P 理論應運而生：產品 (product)、價格 (price)、促銷 (promotion) 及通路 (place)。4P 理論認為品牌經營只要正確掌握這四項要素，品牌就有機會經營成功。而這個理論的

品牌經營運作效果也相當良好，歷時數十年仍舊屹立不搖。數位時代來臨之後，行銷加入了新 5P 觀點，客群 (people) 是誰？也是重要考量。

隨著時間的流逝，美國戰後的需求逐漸獲得滿足，需求量逐漸遞減，新產品失敗率創歷史新高。光是夠好已經不算什麼。30 年前新產品失敗率（無法持續販售）可能是 65%，今天則可能為 95%！品牌經營儘管累積了相當程度的品牌知識和行銷專業，新產品失敗情況還是發生了。對許多曾經表現優異的品牌而言，邊際利益正不斷萎縮，使得廣告預算越見拮据。在許多情況下，一些主要品牌的價格溢價 (price premium) 正在縮減。無品牌商品、自營商標 (private label) 及商店品牌 (store brand) 逐漸問世，削減顧客對主要品牌的品牌忠誠度，只有最機敏的品牌經營者才能守住價格溢價。

世界持續改變中，競爭方式也不停創新迫使廠商改變，因此品牌經營也必須有所變動。品牌是市場的產物，隨時會因為顧客意念而改變，就算是所謂的名牌也要隨著潮流而走。除此之外，將眼光放遠，不看眼前的虛榮地位，對未來加以規劃也是相當重要的。西方即有名諺如下：「知名品牌對愚者來說，已大功告成，是終點；對智者來說才剛剛開始，只是暫時領先。」

另一方面，由品牌發展三階段可以發現品牌之歷史與其階段性功能。

1. 起草階段：

品牌的主要功能在於使產品或服務（較少）與其直接競爭者產生區隔。這和早期的牧場主人建立烙印的用意相同，牛群身上的烙印除了用來表示主人的身分外，沒有其他含義。美國富國銀行 (Wells-Fargo) 在昔日是代表驛馬車服務之品牌。品牌起草階段主要功能在於盡可能擄獲顧客的荷包。

2. 第二階段：

品牌開始和它所代表的產品與服務分家，並凌駕其上。廣告成為強大的力量。延伸產品線 (line extension) 大量出現。顧客購買品牌以顯示其身分地位（例如：愛迪達、哈雷機車、賓士汽車）。顧客變得越來越善變，也越來越缺乏忠誠度。品牌成為公司的珍貴資產（例如：可口可樂、萬寶路）。此階段主要功能在於品牌盡可能擄獲顧客的心。

3. 第三階段：

品牌變得更加獨立自主，提供企業一個塑造世人意識型態的機制。品牌在資訊、娛樂、專業、形象、和感覺的混合支撐下開始萌芽（例如：英特爾、迪士尼）。因而帶動廣告的數量和重要性快速成長：1950 年全球廣告支出為 390 億，1990 年全球廣告支出則為 2,560 億。2021 年全球廣告預算超過 20 兆，此階段主要功能在於品牌盡最大可能擄獲顧客的生活，數位廣告攻占不同族群，甚至顧客的靈魂。

　　品牌的功能在於減少顧客選擇產品時所需花費貨品的分析心力，選擇有地位的品牌無疑是一種省時、可靠又不冒險的決定。

表 2-2 2022 年全球最有價值品牌

排名	企業
1	蘋果 (Apple)
2	亞馬遜 (Amazon)
3	Google
4	微軟 (Microsoft)
5	沃爾瑪 (Walmart)
6	三星 (Samsung)
7	臉書 (Facebook)
8	中國工商銀行
9	華為 (Huawei)
10	威訊通訊 (Verizon)

（資料提供：英國品牌價值研究機構品牌金融 (Brand Finance)）

　　全球領導地位的品牌，每年的營業額及利潤均高達數以億計。值得注意的是，其排行不單是依據業績、利潤或市場占有率，還包括一些能彰顯公司品質的標準：市場領導地位、持續性的競爭優勢、國際化程度、多角化經營的基礎，以及最重要的長遠利潤。

　　品牌於臺灣之發展，以「欣葉」為例「欣欣向榮、葉葉繁盛」，是欣葉對自我的勉勵與期許。由兩片飛揚舞動葉子所組成的欣葉 logo，代表生氣蓬勃、充滿旺盛的生命力。葉尾的末端，帶著雀躍上揚的弧度；恰如微笑的嘴角，誠摯迎接每位光臨的顧客。

➡ 圖 2-10　欣葉集團品牌識別。
（資料提供：欣葉集團）

2-4 品牌之功能與利益

　　品牌 (brand functions) 是用來辨識廠商間的產品或服務，進而與競爭者的產品產生差異化區隔，同時強化產品功能屬性外之價值。一個成功的品牌是公司最重要的資產，品牌能為公司創造持久的獲利能力。不管我們決定怎麼定義品牌，品牌對公司、產品或服務、以及行銷策略而言，都是一項重要的資產，通常品牌會有屬於自己的專用圖像做為標記，當看到這個標記時（如愛迪達的三條線或是葉子標誌），就會聯想到這個品牌以及它代表的價值觀與承諾。

　　品牌的重要性可作為識別產品的來源，品牌能減少顧客所需負擔的風險、成本，且能成為一象徵表象及品質保證的符號。美國行銷協會定義品牌為一名稱、術語、符號、記號或設計，甚或是它們的結合，為的就是要識別個別賣方或群體賣方的商品與服務，從競爭的環境中，差異化其本身的產品與服務，因品牌能夠差異化其產品並作為品質的保證，且可以增加信念、喚起情感及增加消費動機，故市場行銷人員通常以品牌作延伸至新產品，能減少新產品發行所具有風險及高額的行銷花費，因此品牌對消費者或賣方皆存在不可抹滅的重要性。

　　Kotler 提出品牌能加速顧客對資訊傳遞，品牌對使用者有強化其社會性及並增添情感性的價值。而品牌對於產品的知覺效用有加分或減分的效用，顧客對無品牌或是低品牌價值之商品會給予較低的產品價值，而對於具有珍藏性及社會價值的商品，則給予較高的評價。

　　「行銷就是品牌的建立」(marketing is branding)，也就是在潛在顧客心目中建立品牌，以「預售」產品或服務給顧客，並使得銷售活動更為有效。品牌不但為企業與顧客扮演著不同的角色，還能為雙方創造許多價值。

　　對於顧客而言，品牌除了可以協助顧客辨識產品，提供品質一致的承諾與保證之外，品牌也經常成為顧客自我形象的投射工具，並藉以區別與他人的異同。

　　欣葉餐廳是從 11 張桌子開始，成立之初由現任董事長李秀英女士經營，打破當時台菜餐廳只有清粥小菜、無大菜既定印象，是第一家將臺灣筵席菜帶入台菜的餐廳。因應消費者多方面餐飲需求，欣葉集團致力開發不同業種與品牌，目前有台菜、日式自助餐、日式火鍋、咖哩、東南亞、港澳料理及正統和食buffet 等。鐘菜在 2022 年榮獲米其林一星。

1997 年，欣葉集團邁向 20 周年，整合品牌，規畫企業識別系統。企業宣言是「有情，用心，真知味」。「看得見的平凡料理，看不見的非凡用心」是欣葉集團的追求，並與顧客締結如親人般地感情，致力於料理上的高度專業，讓顧客永遠掛著心滿意足的微笑。

➡ 圖 2-11　知名企業可經由顧客信賴延伸品牌發展。
（資料提供：欣葉集團）

➡ 圖 2-12　2018 年初，欣葉引進唐宮（中國）控股有限公司旗下十個品牌之一的「唐宮小聚」，在臺灣取名為「唐點小聚」。欣葉與唐宮攜手，開啟新的合資經營模式。（資料提供：欣葉集團）

品牌可以讓買主因確認品質而降低資訊搜尋成本,並於使用一段期間產生信賴感後有助於重複購買,知名的品牌還具備地位與威望而讓顧客降低心理道德風險,提升尊貴社會地位的滿足感。對賣方而言,在了解到顧客對品牌的熟悉度後,便可辨識需繼續投入多少促銷努力,並斟酌新產品推出的速度、市場區隔化的幅度與產品差異化的程度。

➡️ 圖 2-13 欣葉端午節推出干貝滷肉粽與金桔紅豆粽,堅持手藝經典粽香。(資料提供:欣葉集團)

品牌對顧客及生產商皆提供了許多利益,說明如下:

一、品牌對顧客之利益

1. 品牌對顧客提供了許多利益,因此顧客在購買有品牌(特別是知名品牌)之產品,相對比不具知名度品牌之商品要付出更高的價格。
2. 易於顧客辨識(product identification)。
3. 對顧客比較有保障。

二、品牌對廠商之利益

1. 品牌吸引顧客重複購買。
2. 品牌形成一種進入障礙。
3. 品牌可以品牌延伸。

Chernatony 從四個角度來說明品牌的涵義與功能：

1.

品牌是一辨認的圖案，用來與競爭者有所差異，基本上與美國行銷學會定義是大同小異的。

2.

品牌是品質一致的承諾與保證，使顧客在購買或使用前即能感受到所關心的品質或附加價值。

3.

品牌是自我形象投射的方式，是顧客用來看自己與看別人的象徵物，這是品牌個性的傳達。

4.

品牌是一組有關產品的相對定位，一致品質保證及功能屬性資訊的集合，是顧客購買決策的輔助工具，亦即品牌是顧客決策的線索。

Kolter 認為經由一個品牌，企業可傳達六種功能給顧客並對顧客產生意義：

1. 屬性 (attributes)：品牌之某些屬性給顧客第一印象。

2. 利益 (benefits)：顧客主動購買是利益，一個品牌擁有不少屬性，而屬性必須被轉換成功能性利益或感情性利益。

3. 價值 (value)：品牌可傳達生產者的價值，並配合顧客所尋找的真正價值。

4. 文化 (culture)：及代表製造廠商或來源國文化。

5. 個性 (personality)：品牌可反映出某些個性，也可由名望的人來表現。

6. 使用者 (user)：由品牌看出購買或使用該品牌顧客類型。

　　品牌是聯繫產品與顧客的一套獨特承諾。它能為顧客提供產品或服務的質素保證，並具備「尊貴」的形象價值，更可令顧客對品牌產生忠誠度，願意為它付出所需價格，從而令品牌獲得合理的回報。

2-5 品牌命名實務與案例

　　放眼望去,生活周遭與我們共處的品牌數以千計,每個品牌似乎代表著不同的個體,有其意涵、個性,不斷的影響我們的情緒。而行銷人員傳遞產品資訊或介紹新產品給顧客時,首要的就是透過品牌命名,藉由有意義的命名,傳達產品的訊息。

　　品牌名稱來自四面八方。有些人或許會說:我們隨意杜撰一個名稱吧!反正不太重要。錯了!品牌名稱很重要,尤其是今天有越來越多的品牌,透過日益增多的傳播媒體管道互比苗頭。聰明的品牌必需易記、好讀、不會與競爭產品混淆。

　　品牌名稱還能帶給品牌所有者其他好處,如果能善加選擇與適度定位品牌,它能協助將產品或服務與潛在顧客對自我的想象聯結在一起。人們會購買覺得對增強自我形象、或理想形象有助益的物件。

　　品牌也能做為外在包裝與實際產品間的認同橋樑,這可能透過商標圖像,也可能透過設計與包裝。

　　品牌命名的原則:最好是易念、好記、與容易理解。如 KIRKLAND、STARBUCKS、LG、Coach、Timberland、Dyson、Jo Malone、IKEA。能夠彰顯出產品的利益:使用明示或暗示的方法,來展現產品的主要利益訴求,讓消費看到廣告的產品,即可知該產品的特性。如「一匙靈」洗衣粉、「好自在」衛生棉、「馬牌」輪胎、「3M」便利貼、「樂事」洋芋片、「五月花」衛生紙、「樂高」積木……等。

➡ 圖 2-14　師大大師 LOGO。書法家董陽孜為 60 週年臺師大校慶題字。(資料提供:國立臺灣師範大學)

一般而言，一個好的品牌名稱應有下列特色（一般性的原則）：

1. 易於發音（對國內及國外顧客而言）。

2. 易於辨認及記憶。

3. 要簡短，不要太長。

4. 具有獨特性。

5. 可從名稱上顯示出產品的性質及使用產品的利益。

6. 有正面的聯想。

7. 在國內、外市場皆可得到法律的保護。

賦予商品的名稱也有多種形式：

一、 品牌名稱可以是人物或具體事物

人物如：雅詩蘭黛 (Estee Lauder) 化妝品、保時捷 (Porsche) 汽車、特斯拉 (Tesla) 汽車以及喬登 (JORDAN) 運動品牌。

地點如：克萊斯勒 (Chrysler) 轎車、德意志 (Deutsche) 銀行、臺灣 (Taiwan) 啤酒和英航 (British Airways)。

飛禽走獸如：捷豹 (Jaguar) 汽車、紅牛 (Redbull) 能量飲料、彪馬 (Puma) 體育用品、熊貓 (FoodPanda) 外送平台與灰狗 (Greyhound) 巴士。

其他事與物如：蘋果電腦 (Apple)、殼牌 (Shell) 石油和康乃馨 (Carnation) 煉乳，Ketchup 番茄醬、Tree Top 果汁、飛利浦 (PHILIPS) 家電。

二、 品牌名稱使用產品的意義

重要的屬性和利益如：DieHard 汽車電池、Mop'n Glow 地板清潔劑和 Beautyrest 床墊。

創造出來的，具有使品牌聽起來像科學、天然或具有聲望的字首與字尾如：英特爾 (Intel) 微處理器、凌志 (Lexus) 汽車或康柏 (Compaq) 電腦。

就像品牌名稱一樣，其他品牌要素，諸如品牌圖樣和符號可能是人物、地點、事物、抽象影像等等不同的方式。總之，創造一個品牌，行銷人員有許多不同數量與產質的品牌要素可供挑選，以用於識別其產品。

三、 品牌名取其公司創建者的名字

紀梵希 (Givenchy)、Panasonic 家電、席爾思百貨 (Sear, Roebuck & Co.) 與福特 (Ford Motor Company) 即為四個出名的範例。它們永遠是品牌的典範，卻是歷經數十年才建立起來成果。

依提供產品或服務的公司名稱命名如：英特爾或美國運通卡 (America Express)。在雜誌或網路、數位平台都看得到它們的廣告。

四、品牌是一個描述性字眼

強而有力的隱喻產品的某些功能如：幫寶適、好奇 (Huggies) 紙尿褲、好自在衛生棉或舒潔衛生紙，但絲毫未提及母公司的名字，這種類型的品牌名稱是很有效的，因為它們本身就包含一些有用的訊息，即使你事前對產品一無所知。

品牌是一個精心設計的名詞，藉由廣告或促銷賦予產品或服務價值與形象如：朗訊科技 (Lucent Technology)、寶僑的汰漬 (Tide)，日本豪華轎車 Lexus 及 Acura，臺灣的 Gogoro 智慧電動機車。

五、產品或服務的意味、感覺、科技

如全錄影印機 (Xerox)、輕柔擦拭 (Soft-Scrub) 清潔劑或速達 (Speedy) 快遞服務即是如此命名。

服務做為品牌名：飛利浦 (PHILIPS) 家電，包裹運送公司優比速快遞 (UPS)，Airbnb 短租公寓、lalamove 快遞服務。

六、品牌來自賣座影視娛樂節目角色或品牌吉祥物

任何一部如《獅子王》(The Lion King) 般熱門的迪士尼電影，或溫布敦網球賽、NBA 職業籃球賽、PGA 高爾夫球賽等節目中出現的人物，都能創造出為數可觀的品牌名稱，如辛巴 (Simba)、麥可‧喬丹 (Michael Jordan)、老虎伍茲 (Tiger Woods) 及喬科維奇 (Novak Djokovic)。

杜撰的角色或真人成為品牌名：席琳‧迪翁 (Celine Dion) 已是個響亮品牌，周杰倫及張惠妹也都一樣，2022 推出傳記電影，席琳‧狄翁外傳《愛的力量》，周杰倫到法國拍攝「最偉大的作品」MV。2015 年美國 3D 動畫喜劇電影《小小兵》締造了檸檬黃的有機體角色，2022 年推出續集，呆萌的造型深獲全世界影迷喜愛。時隔 36 年湯姆克魯斯推出《捍衛戰士：獨行俠》，2022 年 9 月統計創下影史最高票房超過 400 億臺幣紀錄。湯姆克魯斯也成為全球最受歡迎偶像。

品牌吉祥物則有台灣人壽「阿龍」、雄獅文具「奶油獅」、7-11「Open 小將」、田中馬拉松「阿草」與「阿蕊」與臺北市政府「熊讚」等。品牌虛擬人物常常被製作成貼圖，透過使用頻率增加消費者的記憶度。

@ Yummy illustration

➡ 圖 2-15 田中馬拉松的吉祥物「阿草」(左)，是守護田園的好朋友，也是馬拉松選手的守護者，成為跑者熱情加油的田中鎮民形象，2021 年加入「阿蕊」。（資料提供：田中馬拉松）

綜合來說，命名方式種類如下：

1 依創始人的姓氏來命名。

2 使用地名來命名。

3 用英文字母縮寫。

4 使用數字來命名。

5 由本國音直譯為英文。

6 直接聯想到產品本身。

當然還有其他品牌的命名方式，不屬於以上六類之中，可以依實際需要狀況再做考慮。

基於品牌命名對於產品的重要性，命名準則對顧客面對該產品所產生的聯想，試圖連結學者所歸結華人地區品牌命名的準則與品牌聯想的類型，以了解這些命名準則對品牌的貢獻。

如何命名以提高品牌之知名度及建立優良的品牌形象，品牌之命名原則可以歸納成下列幾種：

1. 語言面：

品牌名稱中，以二個音節或三個音節的複合字容易吸引顧客的注意；響亮度的部分，第二音節或是尾音為高音調時，即一聲或二聲，藉由發音較容易遠播的功能，會使顧客有響亮的感覺。

2. 文化面：

「同音異字」的運用可以引起顧客的注意，尤其是與產品特性連結，可加深印象。部首的部分，當顧客對該品牌名稱一無所知時，就會以名稱中的單字、單字中的部首，來推敲產品的特性。關於名稱中的動植物的存在，甚至只是部首含有動物，都可以加強顧客對該產品的信心。

3. 心理面：

當名稱中有權威性字眼時，顧客會對該產品的品質更具信心。字體的變化帶來不同的感覺，方正的字體帶來專業、權威的感覺，使用少女字體或可愛的字體，則會有活潑、親近的感覺，書法字體，會給人詩意、高級的感受，草書則是藉由其飛快的筆畫，帶出速度感。

4. 其他因素：

使用常用的複合字、含有諧音、或以不同語言發音，較容易記憶。關於發音部分，需要發捲舌音時，會較不順口。

5. 命名準則與品牌聯想之聯結：

「獨特性」與「修飾名詞」會帶來功能性品牌聯想；「包裝設計」會帶來象徵性品牌聯想；「動植物」會帶來經驗性品牌聯想。其他如「語義」與「顏色」則是對上述三種聯想都有影響力。

基於產品名稱對於品牌的重要性，專業的品牌命名創建者會利用概念測試 (concept testing) 和焦點團體 (focus group) 等方法，集中火力找出顧客喜歡的品牌名稱。

另一方面，跨國品牌的命名必須研究翻譯問題，以華文為例，美國在華文市場的品牌翻譯，有些是純粹音譯，有些是取其意義，有些是音譯外加意義，種類非常的複雜，外國人要搞懂中華的文化實在是件大工程。除了文字，對於該國的文化、風俗民情也必須要有了解，

華人購買禮品，有時不只因為個人的因素，也有許多節日送禮和特殊場合的情形，一個具有象徵性意義的品牌名稱會大大影響顧客的購買決策，而該國的「忌諱」也是要研究清楚的，例如華人送禮不能送鐘（送終）、送傘（散）等，以外文看來，完全不相干的兩回事卻是在華人社會的大忌諱。因此跨國品牌要在當地建立好的形象，必須先從適當的品牌名稱著手，挑選一個令當地人有親切感和好印象的翻譯名字。

2-6　品牌定位塑造強勢品牌

　　品牌定位就是在目標群眾心中創造與眾不同的商品或服務。創造完美的品牌定位策略有四大重點：

O1

掌握目標群眾並有效區分主要與次要客群。

O2

展現並強調品牌本身所具備之競爭優勢，任何一個品牌必須從產品或實際服務的層面來提供品牌優勢，但並不是所有的品牌優勢都可以被顧客完全接受。

O3

從品牌核心識別與企業對品牌價值的主張進行平衡考量，以期在目標群眾找到品牌行銷關鍵點。

O4

當確認目標客群可接受之行銷關鍵後，即應積極將品牌形象傳達出去。

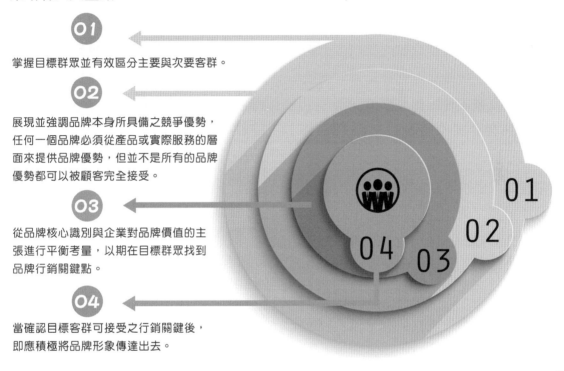

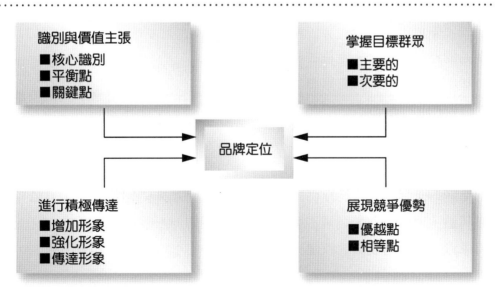

➡ 圖 2-16　品牌定位。（資料來源：Aaker, D. A.. Building Strong Brands.）

企業要成功的建立一個好的品牌，就必須經過四個重要的階段。

1. **階段一**：企業透過內外部資訊的蒐集，包括高階主管的意見及判斷，以及市場反應與競爭者動態，定義出品牌在該公司策略及財務目標的達成上所扮演的角色，簡言之，就是確實勾勒出品牌對企業生存目標貢獻的願景。了解品牌與企業策略及目標間的配合性。

2. **階段二**：要決定品牌的形象。所謂品牌的形象，就是指以品牌為中心的許多概念有意義連結，換句話說，就是品牌在顧客心中的樣貌。品牌給人的第一直接印象，通常是品牌的顏色、符號的設計風格等有形的象徵，但只要在設計品牌初期時，注意簡單、容易學習與記憶、獨特性、發音與產品品類一致（如可口「可樂」）、能反映出產品的利益、屬性、定位等原則即可，基本上對企業而言更重要的是品牌在顧客心中的評價與價值。

3. **階段三**：強化品牌的定位。在這個階段中，企業必須強調自己品牌知識與競爭者品牌的差異，以及能提供顧客何種的利益。因此，企業必須了解顧客的需求以及環境的變動，以建立合乎市場趨勢的品牌定位，此外，還必須透過持續與顧客溝通品牌的定位，維持一致性的品牌訊息，建立顧客心中的品牌信任與長期關係。

4. **階段四**：衡量品牌的績效。這個階段通常是難以執行卻相當重要的階段，一方面因為品牌績效的難以決定，哪些因素可以代表品牌的績效，一方面因為品牌績效的難以衡量，要透過顧客主觀的評定，還是透過大數據等客觀的評估。

一般而言，目前常用以評估品牌績效的標準，包括品牌的知名度，如台北市居民中有多少比例知道你的品牌、顧客對品牌定位的認知、顧客對品牌形象與品牌人格的認知等，企業也常常衡量因品牌名聲而來消費或購買產品的顧客人數，以及因品牌名聲而再購產品或是推薦他人購買的顧客人數等，來決定品牌的績效。

強勢品牌應具備豐富且清新的品牌識別，即是品牌策略專家試圖去維繫或創造的一組聯想事物，相對於品牌形象而言，品牌識別則是一種願景，且意味著品牌形象須加以補充與修改的部分。基本上，品牌識別代表了組織希望品牌所呈現的外在形象。

品牌識別規劃模式提供瞭解、發展、運用品牌識別要素的工具，共包含三個系統，分別是策略性品牌分析、品牌識別系統、品牌識別實現系統。

（一）策略性品牌分析

為了產生品牌執行的效果，品牌識別必須能與顧客產生共鳴，使自有品牌與競爭品牌產生差異性，並代表組織未來的能力與目標。因此，策略性品牌分析需要透過三個角度來審視：顧客分析、競爭者分析、自我分析。

（二）品牌識別系統

建立強勢品牌的重要原則，為創造鮮明的品牌識別，要建立品牌識別的四個重要概念分別為「品牌＝產品」、「品牌＝企業」、「品牌＝消費者」、「品牌＝符號」。讓顧客在這四方面有清晰的聯想。

（三）品牌識別實現系統

品牌識別實現系統的第一步驟是先進行品牌定位主張，目的在於清楚的指出品牌希望建立認同的部分。第二步驟是執行品牌策略，包括媒體選擇以及廣告節目製作，第三步驟再針對品牌執行策略進行追蹤監控。

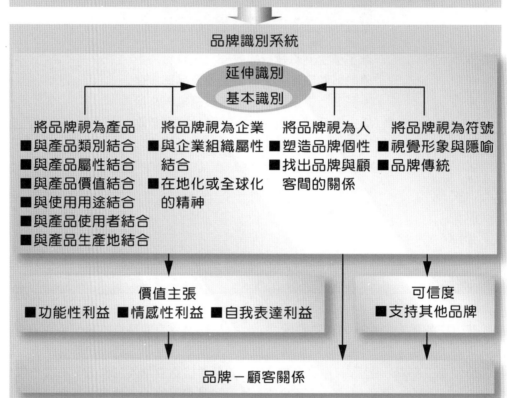

➡ 圖 2-17　品牌規劃模式。（資料來源：Aaker, D. A.. Building Strong Brands.）

科技管理·智慧運用
TECHNOLOGY APPLICATION

*UE*Track™ Support Services

EDGENTA UEMS 威合威務持續耕耘多樣業態，拓展服務範疇，以30多年的管理經驗為基礎，不斷引進創新技術，提升現有設備，並以自行研發的後勤管理服務系統 *UE*Track™ Support Services，針對您現場的需求，導入相應的科技系統，落實品質稽核，提升管理效率，將資源應用最適化！

環 管 環境管理服務系統 *UE*Track™ - EM

智慧環管 Smart HSK
包含稽核、公廁巡檢、專案、維修通報；透過建置數位化資料庫，以行動裝置進行評核並記錄結果，能確實掌握作業狀況，提升團隊管理效能，進而提高施作品質。

智慧公廁 Smart Toilet
設置安裝於指定區域，有效感測關鍵區域的使用頻率及管理施作頻率，適當調整工作流程並提供支援，以提高服務滿意度。

病媒防治 PCE
手機APP E化管理，與管理系統整合，透過APP建立防治計畫書並據以執行，同時進度管理，確保防治作業符合相關規定。

廢棄物管理 Waste Mgmt
導入智能磅秤系統，將廢棄物重量資料直接上傳至雲端，即時顯示數據，避免抄寫錯誤、同時自動整合報表。

清床系統 BDMS
即時更新及管理病床狀態，下單簡單便利，E化流程一指輕鬆管理，有效提升病床周轉率。

傳 送 傳送管理服務系統 *UE*Track™-Portering
搭配中心監控的數位化管理系統，精確追蹤傳送案件進度，同步數位化記錄各項傳送數據，並由系統進行智慧化派工，提供您更好的傳送服務品質。

EDGENTA UEMS
威合·威務股份有限公司

➡ 圖 2-18　EDGENTA UEMS 威合威務持續耕耘多樣業態，拓展服務範疇，結合科技元素，提供客戶全方位機構後勤管理服務。（資料提供：威合威務公司）

➡️ 圖 2-19a

➡️ 圖 2-19b

➡️ 圖 2-19ab　臺灣最具指標性的棒球名人堂展示館，獨特棒球球體造型直徑 32 公尺，是亞洲最大球體建築之一，館內陳列歷屆名人堂入堂選手及臺灣棒球發展史中重要的文物，讓參觀民眾從展物中，感受棒球運動的輝煌及精采時光。（資料提供：棒球名人堂）

第二步驟是執行品牌策略，包括媒體選擇以及廣告節目製作，最後再針對品牌執行策略進行追蹤監控。

藉由品牌定位塑造強勢品牌是一個優質品牌管理所必經的過程，依照下列五個步驟的指引，企業有機會創造出具有價值的品牌，其五點將於第三章詳述說明。

1. 認識你的品牌所要針對的目標客戶。

2. 清楚了解自身所處的市場位置。

3. 仔細研究你的顧客、競爭對象和市場趨勢。

4. 切實和集中性地制訂品牌管理的目標。

5. 說得出，做得到。

MEMO:

CHAPTER

03

品牌策略
——建構品牌價值

3-1　緒　論

科技資訊進步快速,流通業發展迅速的結果,商品競爭全球化已是趨勢。若要能夠在競爭中仍占有一席之地,勢必要比其他競爭者具更佳的競爭優勢。而品牌在通路銷售,已用來表示或分辨產品或服務的提供者,並且享有法律所提供的保護;此外,品牌還可買賣授予經銷權或出租,成為重要的企業資產。

所以品牌不單是「名字、詞彙、符號、象徵或任何其他特徵」,品牌還是產品或服務之製造商、供應商以及顧客、使用者間的連接橋樑,可享有獨家的品牌專利權,而品牌權益則是企業在解釋及處理訊息的能力、建立具有信任感的購買決策、與顧客在使用的滿意度上可以更上層樓,企業本身的價值也因而增加,故顧客也會因對該價值的滿意程度回饋給企業,形成良性的循環。

品牌行銷是企業花費很長時間來傳達企業理念與品牌名稱的行為。成功的企業都花費數年的時間來發掘品牌特質與維持品牌形象,除此之外,良好行銷組合策略運用才能使品牌行銷達到最佳效果,準確的品牌行銷運作,將會使品牌受到社會消費者的認同,使企業的投資報酬率增加,對企業的經營與延續帶來更強的競爭力。

在追求速度的時代,企業必須快速應變;網路串流知識的時代,企業必須用網路傳遞創造財富;面業全球一體化的時代,企業必須採取整合制勝策略;充滿競爭的時代,品牌是聯繫產品與顧客的一套獨特承諾,「知名品牌」能為顧客提供產品或服務的素質保證,並具備「尊貴」的形象價值,更可令顧客對品牌產生忠誠度,願意為它付出金錢,進而令品牌獲得合理的回報,所以我們必須在競爭環境中以品牌制勝。

在激烈的競爭市場中,顧客有眾多的同類競爭產品可供選擇,企業取得銷售唯一機會是要在顧客的意識中深深地植根品牌的印記,使顧客需要此類產品時第一時間想到你的品牌,如果品牌印象的建立非常模糊,你的產品將很快被顧客所遺忘。產品要在眾多的商品中求得一席之地,為顧客所熟識、認可並接受,進而形成顧客購主要目標,是需要多種因素共同努力才能達到的。

品牌經營如今面臨下列的行銷環境：

1. 價格競爭壓力

不論在什麼樣的企業，經營者都必須面對很大的價格競爭壓力。每個行業所面對的市場環境都是相同的，其最主要是面對強大零售通路談判優勢和對價格敏感的顧客，以及業界過高產能的影響；同業間產品特惠活動，是價格戰爭的動力，也是競爭的指標。

2. 競爭者的大量增加

市場上厲害的新競爭者，可能來自四面八方，多元競爭者的增加，不僅為價格帶來壓力，提高市場上品牌的複雜度，而且也使得業者建立品牌和維持品牌地位的任務，變得越來越艱難。

3. 多元化的市場和傳播媒體

企業負責建立和開發品牌的經理人，處在一個資訊變化快速的環境，想要同時在產品市場及大眾傳播媒體上，維持一貫的品牌風格，變得非常困難，特別是網路興起，分眾市場切割更碎片化。

4. 多樣化的品牌策略和市場關係

多樣化角色的現象，迫使品牌的建立和管理更加困難。品牌管理者除了要知道品牌的特色，還得了解這個品牌在不同情境下所扮演的不同角色；重點是還要讓顧客能清楚的分辨，不同品牌之間的關係。

一個成功的品牌必須以一種始終如一的形式，將品牌功能與顧客心理上的需要連接，通過這種方式將品牌的定位訊息明確地傳給顧客，使其產生購買欲望。成功的品牌集各種因素之大成，不只單靠廣告、產品功能，它必須具備以下的策略要件：

1. **產品本身必須具備符合市場需求的功能**：企業在規劃品牌策劃時，優先要考慮產品是否符合顧客的期望，並且需具有市場觀念，以顧客優先的原則來制定生產計畫。

2. **必須滿足顧客的預期品質**：品質是產品的生命，是品牌成功的基礎。

3. **品牌必須能激發顧客的忠誠**：顧客對品牌的忠誠度是品牌成功的核心要素。要是顧客對我們的品牌無動於衷，主要關心的功能、價格、便利，那麼這個品牌就很難創造價值。

4. **成功品牌必須不斷創新**：在競爭激烈的環境中，刻意求新、獨樹一幟、破壞式創新是使企業的產品興盛不衰的主要辦法。

5. **成功品牌必須注重自身形象**：良好的企業形象是給顧客一種安全感和信賴感。

➡ 圖 3-1　呷七碗是臺灣用最多糯米生產商品的品牌。與乖乖聯名推出米乖乖肉粽口味。（資料提供：呷七碗）

3-2　發展品牌策略

優質的品牌策略，幫助企業打造出強勢品牌，極大化品牌與產品的價值。

四種類型品牌的開發展策略：

1. 在高價值產業中，擁有高的市場占有率，是一種「高人一等」(high-road) 的品牌，銷售報酬率可能超過 20%。

2. 在高價的產品類別中，擁有低相對市場占有率，是一種「搭便車」(hitchhiker) 的品牌，最好的做法就是跟著領導者走。

3. 在平價的產品類別中，擁有較高的相對市場占有率，是一種「降格越界」(low-road) 的品牌，平均銷售報酬率大約在 5~10% 之間。

4. 如果在平價的產品類別中，又只有低相對市場占有率，那真是「窮途末路」(dead-end) 了。

在任何產業中的產品相對市場占有率，都是企業極為重要的行銷績效指標。事實上，在低價的市場中擁有相對高的市場占有率，亦是了不起的經營成就。行銷人員在低價市場上所習得的行銷經驗和知識，只要時機成熟，亦可做為日後進軍高價市場的基石。因此，「降格越界」的品牌經營比「搭便車」品牌還要難，需要更多的行銷投入！

一、品牌策略發展

每一家企業依競爭市場上所處的地位決定其品牌策略，因此品牌策略有三種狀態：

1. 唯我獨尊

絕大多數的行業都有一個公認的領袖品牌或領頭羊企業，不管競爭對手是否承認，是否尊敬它，這種在市場上統治地位的品牌總是存在的。它通常在價格變化、促銷強度及品牌延伸上起著領導作用，它在相關通路占有最大的銷售比例。實務上有不少品牌領導者因過度自信，未能及時觀察挑戰者的成長，錯過反擊良機，導致品牌位置及市占率下滑。因此要維持品牌領導者地位，必須注意保護自己的行業不受競爭對手侵犯，而且對挑戰者尤其正面出擊者要給予迎頭痛擊。

2. 避實就虛

避實就虛出自《孫子兵法 虛實篇》是形容指導以少勝多，以弱抗強的重要戰術，強者與弱者是順理成章的事。弱小企業完全可以避開敵人的正面攻擊，對準對手的薄弱環節，施以打擊。如果競爭者的品牌在某一市場上處於絕對優勢，那麼弱小企業或者勢力未成氣候的商品品牌可以選擇不同的市場，不斷向顧客提供新的、差別化的產品。企業在採取避實就虛策略時，應注意策略的靈活性，不宜盲動，要漸近，不斷地對競爭對手進行蠶食。

3. 側翼攻擊

單一的品牌策略不能稱之為成功的品牌營造，因此有很多企業在商戰中，會將其他行銷因素和品牌結合起來考慮，形成另外一組策略來編制進攻的方式。側翼攻擊是整個戰爭歷史的本質，側翼攻擊的目的，在於對人的側翼施加壓力，然後步步逼進，再深入敵人核心部分。在商戰中，有效運用側翼攻擊的前提是以創新的方法，發揮優勢，攻擊競爭者的弱點，可採取策略有地理、推銷與技術方面的側翼攻擊。

(1) 地理方面的側翼攻擊：可以在一國內進行，也可以在國際之間進行。

(2) 銷售方面的側翼攻擊：針對的是市場需要，而市場需要是由於許多確定因素構成，因此要求企業必須具備靈活應變機制及足夠熟練的推銷人才。

(3) 技術方面的側翼攻擊：憑藉競爭對手無法提供的新技術，對其在技術上進行側翼攻擊，這必須要有新的利益給予顧客享受。

二、品牌策略的廣度與深度

關於品牌策略的廣度與深度表示企業所銷售之不同產品與其品牌相連結上的數量及性質特性。對於產品組合以及企業應製造及銷售那些產品，有著許多的考量。策略性決策必須著重在企業（工廠）應該持有多少的產品線（產品組合的廣度），以及對每條生產線應提供多少的變化（產品組合的深度）。

在設計最佳的品牌組合時，行銷人員考慮到市場涵蓋範圍及其他成本與獲利率的抵消關係。如果能藉由減少品牌數而增加利潤，則表示品牌組合太大了，若能藉由增加產品品牌而提升利潤，則表示品牌組合不夠大，任何品牌應該很清楚的區隔出來，而且要能吸引足夠大小的市場區隔來支持其行銷及生產成本，品牌線中的品牌若沒有清楚區分，則可能會造成自相殘殺的情況，而需要

適當的修剪。引進太多的品牌線延伸，會造成在顧客心目中各品牌的差異度縮小，使得收入降低，故應採取一個較為謹慎的新產品策略。除了這些考量外，有許多品牌可能在一個品牌組合中扮演不同而特定之角色。

➡ 圖 3-2　欣葉集團 2022 年四月推出全新 Buffet 品牌「NAGOMI」，把溫泉旅館對顧客的款待，帶進和食 Buffet 餐廳。（資料提供：欣葉集團）

三、發展有品牌與無品牌策略

　　企業進入市場或通路，可以選擇有品牌或無品牌策略。

1. 有品牌

　　首先就有品牌策略而言，如前所述，有品牌具有辨別、重複再購、使決策購買者具信心、與競爭者有差異等功能，相對有條件可以訂高價，獲取較高的附加價值。例如，在運動鞋市場中，Nike 在逾三十年前與麥可・喬丹 (Michael Jordan) 為品牌代言人，使得 Nike 與其他品牌有明顯的不同，故可以在籃球鞋中成為相對高價位的品牌，「勾勾」標誌持續透過結合各項運動傳遍全球，Nike 因此奠定今日運動產品龍頭的基礎，1997 年 Jordan Brand 正式成立，成為 NIKE 的子品牌。

2. 無品牌

　　就無品牌策略而言，由於缺乏品牌的一些功能，所以只能獲取較低的附加價值，訂定相對較低的價格。一般而言，品牌有機會將無差異的商品轉變成有附加價值的商品，不意味著所有產品都必須要有品牌 (brand)，因為品牌並非無成本，其所附加的成本包括標誌、包裝、標籤與法律程序等。

　　至於無差異商品或無品牌 (no brand) 的特色，對任何價格變動或降價行動都非常敏感，同時也允許其產品品質與數量控制上能有較大的彈性；而有品牌的商品則相對具有較佳識別感、差異性、可提高顧客對該商品的信心、可引起重複購買的意願、增加顧客對產品的品牌忠誠度，以及便於廠商作促銷等，因此可使廠商藉此來提高產品售價，以增加銷售利潤。雖然品牌可使製造廠商免於削價競爭，但是廠商仍會基於成本與效益間的關係，來審慎評估該品牌是否值得投資。

四、 知識品牌 (knowledge brand) 的建立

Eppler and Will 探討到產品、服務和公司品牌都可以擴張到另一個品牌的形式：知識品牌 (knowledge brand)，這是指它不但擁有可以清楚區隔的視覺和口語的辨認，也有一套特殊的溝通技巧，除了販賣產品或服務以外，它是行銷他們自己一套可增進改善產品和服務的特殊的 know-how。知識品牌必須溝通它的主題（為何是有價值並稀少的），透過特定的工具（例如：調查、特殊網絡或是新聞置入等等）和傳送管道（例如：集會演講、訪問、特殊會議等等），將訊息傳遞給目標（例如：CEOs、CFOs、CIOs、或是其他區域和功能的領導者）。

品牌是市場區隔和產品差異策略的直接結果，知識品牌必須具有競爭力，用經驗和方法去發展經營。它可以避免企業僅變成一種商品的可能性，企業可利用它的資產擴展一個知識的、特有的品牌。知識品牌的功能是使抽象的價值和具體的競爭力一致化，透過有力的符號、標語、調查、個性等使用和行銷的技巧，讓它對於顧客是有價值、稀少、難以模仿、和難以替代的。知識品牌可針對某些問題提供解決方式，並提供最新的研究發現，它必須鎖定在重要的溝通主題（公司特殊的知識）上，並可為公司增加聲譽和更多的商機。

知識品牌 (knowledge brand) 的概念擴展了品牌的功能，除了銷售產品、提供服務之外，更可利用公司資產提供客戶更有用的資訊，並且是其他競爭者無法取代的。臺灣的公司品牌中，東方廣告的 E-ICP 行銷資料庫算是一種成功的知識品牌。

3-3　品牌策略種類

一、發展製造商品牌與中間商品牌策略

1. 發展製造商品牌策略

所謂製造商品牌 (manufacturer's brand) 是指製造商將商品生產出來後，使用製造商自己的品牌，例如：宏碁所生產之個人電腦使用自己的品牌 Acer；與捷安特自行車用自己的 GIANT 當品牌名，還打造女性專屬自行車產品 Liv 等。

對製造商而言，推出自己的品牌可以直接掌握市場與國外行銷通路的控制權，以賺取較高的行銷利潤，但是因為要採用自己的品牌，因此也需要花費更多的費用在鉅額的行銷費用上，但仍無法將產品順利的打入國外市場，所以對缺乏國際行銷經驗的製造商而言，該項品牌決策並不適宜。

2. 發展中間商品牌策略

所謂中間商品牌 (middleman's brand) 或私有品牌 (private brand) 是指製造商所生產之商品，不使用製造商之品牌，而使用通路中間商之品牌，例如臺灣、韓國某些廠商所生產之產品，為了要外銷打入美國市場，常常會使用美國大型賣場如 Sears、Walmart、Costco 等之品牌。臺灣生產工廠有部分也是用中間商品牌的策略進入國際市場。

二、發展單一品牌與多品牌策略

當製造商行銷其所生產之不同商品時，只採用一個單一品牌，則該品牌稱為單一品牌 (single brand) 或家族品牌 (family brand)。

1.　單一品牌的優點

(1) 可以減少廣告費支出。

(2) 可以消除品牌混淆。

(3) 可以有助於品牌延伸 (brand extension)。

2.　單一品牌的缺點

(1) 無法從事多重市場區隔。

(2) 上架機會減少。

(3) 具有品牌風險。

若製造商生產及行銷多種不同的產品，同時也採用多種不同的品牌，則稱為多品牌 (multiple brand) 策略。多品牌又可分成兩種型態，第一種型態是每一種產品項目 (items) 皆有一種品牌。第二種多品牌型態是一群相似的產品用一個品牌，而另外一群相似的產品用另外一個品牌，但並不是每個產品項目皆有個別品牌。

1. 多品牌策略的優點

(1) 可以從事市場區隔。

(2) 可以獲得更多的上架空間。

(3) 品牌風險程度較低。

(4) 可以吸引無品牌忠誠度之顧客群。

(5) 可以形成內部員工良性競爭。

2. 多品牌策略的缺點

(1) 增加廣告費支出。

(2) 可能造成品牌混淆。

多重品牌策略主要是關於企業產品所使用的各種不同品牌的數量及特質。為何企業在同樣的產品種類中可以同時擁有數個品牌呢？最主要的原因就是關於市場涵蓋範圍。例如：Volkswagen集團旗下有 Audi、Volvo、Skoda、Porsche 等汽車，P&G 集團產品橫跨客廳、廚房、浴室與洗衣房等。

採用多重品牌的最主要原因，就是追求滿足多重市場區隔。不同的市場區隔可能是因為不同的價格區隔，不同的配銷通路，不同的地理範圍所造成的。以雲朗觀光集團為例，旗下品牌有「君品」、「兆品」、「翰品」、「品文旅」、「頤品」、「頤璽」、「品中信」與「君品 Collection」…等，涵蓋在多個熱門觀光景點。在義大利，雲朗觀光擁有五個酒店及莊園，包含「羅馬大飯店（羅馬）」、「雲之水都（威尼斯）」、「蓉莊（佛羅倫斯）」、「嵐莊（溫布里亞）」、「聖莊（皮埃蒙特）」、「Palazzo Portinari Salviati（佛羅倫斯）」。使用的品牌名稱相似但並不相同，方便消費者識別。（資料來源：雲朗觀光官網）

在許多個案中，任何一種品牌皆不能滿足所有企業想進入的市場區隔，所有企業必須要有多重品牌。另外，為何要在一產品種類中，引進多重品牌的理由還有下列幾項：

(1) 為了增加在商店中的貨架空間及零售商的依賴。

(2) 為了吸引可能因為尋求多樣性而更換品牌的顧客。

(3) 在企業提升彼此的競爭。

(4) 在廣告、銷售、貨量及實驗配銷上，能有經濟規模。

三、品牌聯盟

1. 品牌聯盟的優點

1. 加速曝光機會，提高知名度。
2. 降低開發新產品或服務的風險。
3. 結合資源，分擔風險。
4. 有機會創造新的市場區隔。
5. 產品可能因為涉及多種品牌的優點而有更獨特且可信的定位。

2. 品牌聯盟評估要點

1. 聯盟之企業文化與經營理念必須類似，不能相互牴觸。
2. 高階管理者必須要接受結盟的觀念，且注意溝通協商。
3. 不能以短期利益做為考量。
4. 必須要具備未來成為事業夥伴的可能，以繼續發展更大的合作空間。
5. 以最大誠意作為聯盟之基礎。

3. 發展品牌聯盟之時機

1. 目前有哪一家品牌的競爭優勢剛好是我們所需要的？
2. 要透過哪一種方式聯盟？
3. 我們或者對方為該產業範圍中的強勢企業嗎？
4. 是否已經能夠接受其他品牌的加入？
5. 是否有一家與我們企業文化相符的品牌公司，面臨困境或競爭，剛好是我們能夠幫助的？
6. 是否能夠透過其他品牌的協助進入另一個產業領域？
7. 是否有另外一個品牌與我們有相似的文化、經營理念、價值觀及目標，或者能夠欣賞我們的方式？
8. 和其他品牌合作的風險為何？要如何克服風險？
9. 我們企業的優缺點，優劣勢為何？和哪一個品牌合作能夠提升形象及資產？
10. 究竟要進入哪一個產業？要與該產業的哪一個品牌合作才能取得最佳優勢？

四、發展實體品牌 vs. 線上品牌策略

ZIVO 執行總監馬克‧林德史東 (Mark Lindstrom) 曾說過:「可口可樂花了 50 多年的時間才成為全球市場的領導者,但是網上搜尋引擎雅虎 (yahoo) 花了五年取得市場的主導權。品牌所扮演的角色已經徹底改變,在實體品牌與線上的品牌之間出現了真空期。」

Yahoo 隨後很快就被 Google 取代,年輕人則用 IG、抖音做為搜尋 APP,Google 的年輕化目標,方興未艾。

實體品牌亦或是透過網際網路手段建立起來的線上品牌,兩者的目標均一致,是了為企業整體形象的創建和提升,但在品牌建立、推展的模式與側重點卻有所不同。網路品牌的價值只有透過網路用戶才能表現出來的,網路品牌的價值也就意味著企業與網際網路用戶之間建立起來的和諧關係。每一個強有力的品牌實際上代表了一組忠誠的顧客。也就是說,網路品牌是建立用戶忠誠的一種手段。

線上品牌及實體品牌、存在著意義上的不同,也自然造成兩者間形塑品牌的極大差異,以下分別就幾個品牌塑造的元素來分析線上及實體塑造品牌之異同:

1. 定義顧客群:

實體品牌因可管理的市場區塊數量有限,僅能提供一些不一致的訊息,而線上品牌則能包含大量的市場區塊,提供顧客導向的訊息。

2. 對目標顧客的了解:

線上品牌在互動的環境下,比實體品牌更加需要了解顧客期望的採購與使用經驗。

3. 從顧客經驗中找出關鍵的轉折點:

線上品牌比起實體品牌的採購流程趨向更加動態與彈性化。

4. 品牌的意義：

實體品牌的意義被設計成能表達目標市場區塊的需求和信念，而線上品牌則有更多機會提供重要訊息的客製化服務。

5. 品牌意義的執行：

要成為強勢且正面的實體品牌，必須透過長時間的建立。而顧客對於線上品牌的不熟悉，讓信賴度的建立相對困難。

6. 長期保持一致：

實體品牌必須透過各種媒體來強化大眾對該品牌一致的形象，而線上品牌則因客製化的緣故，造成不同顧客間產生不同的品牌印象。

7. 建立回饋系統：

實體品牌蒐集與分析顧客的回饋十分耗時，而線上品牌則可藉由精密的工具供線上追蹤顧客行為，如允許／匿名、互動且快速的回饋。

8. 投資且耐心等待：

建立實體品牌知名度需要重大投資，因為在實體世界中，建立品牌忠誠度十分耗時，甚至難以了解早期客戶對品牌的認知，此時常需要進行一段時間的市場研究。線上品牌若能有效鎖定目標客戶，便有機會掌握顧客的忠誠度，但網路原生世代的使用習慣與 COVID-19 疫情，也逐漸改變消費生態。

3-4　品牌建構策略

　　企業取得品牌的方式，一般來說可以有下列三種：

一、自創品牌

　　即由企業自行設計一個適合的品牌名稱，將產品行銷全球。然而自創品牌必須投入巨額的廣告費，由於臺灣內需市場規模不足，許多企業產能未能達最適效率規模經濟，導致大量的廣告費使每單位產品成本過高。

　　臺灣檜木精油香氛第一品牌「檜山坊」品牌定位是「把森林帶回家」。當初是因為創辦人李清勇、黃素秋夫妻為照顧罹癌又患有慢性阻塞性肺炎的父親，一心想讓父親的呼吸順暢，總是利用休假的時間，帶著父親往返於充滿負離子的烏來及太平山之間，在來往山林之際，萌生起把「森林帶回家」的想法，經過兩年多的尋訪，環保循環利用製作傢俱餘材，二次蒸餾出精純檜木精油。

　　檜山坊 2012~2018 連續七年參加臺灣最大生物科技展，近年來在香港、上海、北京、馬來西亞、莫斯科跟日本參展。「2019 品牌創新研討會暨臺灣企業品牌之星選拔」，檜山坊也被選出具備臺灣創新精神代表的臺灣企業品牌明日之星。

　　2021 年檜山坊獲選第三屆品牌金舶獎 ESG 績效管理組，在總統府接受蔡英文總統嘉勉。產品也在 2022 年三月正式出口日本，從「把森林帶回家」逐步「讓世界聞見臺灣」。

二、品牌授權

　　即取得國外著名品牌之授權，有時還可以同時取得國外著名廠商之技術及行銷 know-how 之移轉，對於欠缺資金及國際行銷經驗之業者，不失為一個可行之方式。例如，臺灣許多廠商取得 Disney、Hello Kitty 授權，可以生產 Disney 及 Hello Kitty 之產品。餐飲界例如：HOOTERS 美式餐廳，在臺灣經營 22 年，已經提供超過 250 萬人次的歡樂用餐時光，第二家店插足臺北信義區，成為全球最高、景觀最美的 HOOTERS。第三家店也已經在新竹設立。

➡ 圖 3-3a 檜山坊打造把森林帶回家的香氛與場域。（資料提供：檜山坊）

➡ 圖 3-3b 檜山坊 10 週年推出檜木精油紀念版。（資料提供：檜山坊）

➡ 圖 3-4　HOOTERS 美式餐廳信義店坐擁百萬級景觀，取得品牌授權在臺灣經營超過 20 年。
（資料提供：HOOTERS）

三、外購品牌

即購買國外企業之品牌，或以併購方式買下國外的公司，自然可以擁有該國外公司原有之品牌。例如大陸聯想收購 IBM 低端服務器業務，鴻海集團買下日本 Sharp、統一集團併購臺灣家樂福、全聯拿下臺灣大潤發。

另一方面，國際市場上品牌成功捷徑，有三種品牌借用策略：

（一）品牌授權

知名品牌是企業無形資產，也是典型的公共財產；每一家有幸能創造一個知名度品牌的企業（廠商），都耗費了大量的廣告宣傳投資，他們都希望從這個品牌獲得最大的回收利益。

（二）借用中間商品牌

全國性連鎖店經營範圍廣，這些零售商對私有品牌注入最大投資，使私有品牌擁有很高的知名度。國外製造商品可借用知名連鎖店私有品牌，在成本很低的情況下，克服自家產品知名度低困難，打入國際市場。

（三）代工生產

借用別人的品牌只為了推銷自家企業的產品，以打入國際市場。企業借用他人品牌可以節省大量廣告宣傳投資，以累積一些產品銷售利潤，能夠從租借知名品牌的一方，取得寶貴的行銷渠道和維修網路，以及市場訊息。

一般而言，為了縮短學習建立自有品牌的時間，企業可透過以下五種途徑來建立自有品牌：

（一）購併知名品牌

透過購併的策略，企業可在最短的時間之內，取得在國外市場建立品牌聲譽所需的行銷資源。如：鴻海集團以 62 億美元收購日本 Sharp，這是外資企業第一次併購日本的大型機電業。

（二）取得知名品牌的授權經營

對多數缺乏國際知名度的企業而言，與知名企業簽訂品牌授權合約，是非常合適的過渡策略，也可以經由授權的過程，來獲得知名企業在技術、行銷與設計方面的協助。

（三）替國際知名品牌代工

若能爭取成為世界知名品牌的 OEM 供應廠商，不但可提高知名度、保證產品品質，更可藉此來了解市場狀況，以作為日後發展自我品牌的基礎。

（四）利用品牌並列方式授權經營

為了與原有的 OEM 客戶競爭，且又可自創品牌，即可要求國外進口商同意在產品上也掛供應商的品牌。這種 OEM 與自有品牌並用的「雙軌」品牌方式，為目前臺灣許多企業主要的作法。

（五）爭取與（國際）知名品牌合資生產品牌代工

透過合資所擁有的行銷資源，企業可順利地在國內外建立品牌知名度。就企業短期的觀點而言，能確定利潤的 OEM 應比自創品牌要來得好，不過當製造商達到某種規模之後，若是沒有自己的品牌，就宛如沒有自己的企業生命一般，因此，企業還是應衡量本身的經營實力來克服短期的困難，並循序漸進地開發自有品牌，以享受產品附加價值所帶來的長期利益。

➡ 圖 3-5 已傳承至第五代的奧地利百年品牌「繆思伯格 MOOSBURGER」，擁有馬毛全產品。獨特的側睡枕有不同形狀與高度，進入臺灣市場後，吸引一批要求睡眠品質的族群。（資料提供：繆思伯格）

3-5　品牌經營策略實務

由資料可知，傳統的品牌即將被新經濟型態的品牌蓋過，傳統的品牌其實並不會消失，但是將會漸漸失去原有的地位。在這樣的時期，品牌的經營將越來越重要。主因是傳統企業有傳統的產品，沒有多少固定資產可評估，對品牌的依賴性更大。無論是傳統企業或新經濟企業，品牌的經營都越來越重要。「品牌經營」已不再是行銷當中的一部分，品牌的影響力已超乎原先的想像，需要予以行銷，「品牌」已成為企業成功的最關鍵因素。

如今，品牌經營面臨下列各項的挑戰：

1. 品牌經營的最大難題，在於媒體與資訊的氾濫，品牌必須花上比過去更多投資才能在眾多品牌中脫穎而出，品牌經營人員隨時不能掉以輕心，需對品牌的基本面的持續專注，才能把有意義、獨特而吸引人的訊息傳到顧客的心中。

2. 品牌有「連貫」的需求，不能只為變而變。品牌經營人員最好流動性很低，因為要讓繼任者去了解品牌經營方向，需要時間及努力，因此企業中一定要有專人負責品牌的管理。

3. 在廣告的執行面，由於媒體種類的多樣化，除了廣播、電視、報紙及雜誌外，例如體育活動的贊助、店內廣告、直效行銷、公關、數位以及大眾運輸系統等形式。品牌透過各種傳播媒介，傳遞其一致性的態度和理念，為了掌握各種媒體和行銷方法，品牌經營人員必須更加努力。

4. 品牌經營人員需專注將企業的價值觀、責任以及對社會的承諾，都傳達給顧客知道。成功的品牌，讓每個前來與之接觸的人，都能得到「統整性」的印象與體驗，顧客不只是看品牌代表什麼產品或服務，也會考量其他因素：例如，品牌所屬企業、經營品牌的動機……，品牌之於企業內，已由行銷工具轉變成「完善體質」及「良好績效」的表徵。

品牌經營人員面臨上述各項的挑戰，是品牌經營的基本關鍵，對於開始對品牌行銷投入研究的人員而言，以下是最基本應掌握的關鍵：

➡️ 圖 3-6 「愛長照」平台於 2016 年 6 月正式上線，提供長照的照顧資訊，與滿足照顧者食衣住行育樂的需求，2022 年累積近 6000 萬的網頁瀏覽量，超過 4800 篇的內容文章且持續增加。內容包含樂活養生、長期照護、病症知識、新聞政策、社會資源、心靈支持等六種類別。（資料提供：愛長照）

愛長照 照顧暖心小聚

2022
02.26 (六) 晚上9點

f FB社團－照顧者聯盟 線上包廂

漸凍人媽媽｜外籍看護聘僱之路

來賓：照顧者 耘心

照顧 非存錢就能解決，存愛更為重要～

➡ 圖 3-7　「愛長照」平台於內容包含樂活養生、長期照護、病症知識、新聞政策、社會資源、心靈支持等六種類別。（資料提供：愛長照）

一、品牌經營的基本關鍵

1. 必須有優於競爭者的品質關鍵，然後區隔出市場，針對該市場提供吸引客群的品牌，並滿足顧客。

2. 保持或提高其品質水準，而其「中心價值」必須有一致性。

3. 為商品或服務定出合理的價格，然後提供最友善便利的使用形態。

4. 品牌也代表著企業的道德觀、作風、形象、責任……，企業的責任因品牌而加重了，企業必須努力滿足更高的社會與文化標準。

5. 只要產品或服務能滿足顧客的需求，又具有足夠吸引人的品牌，顧客行為就會自然產生。

二、維持優良品牌的基本關鍵

1. 好的品牌之所以強勢，就是因為它結合了「正確的特性」、「吸引人的性格」，及隨之而來的，與「顧客間的良好互動關係」。品牌管理得宜，顧客就是你的朋友。

2. 因為品牌是一種概念，有些抽象，所以「品牌打造」，應從公司高層發起，

由上而下的品牌經營，品牌經營絕對不能隨便委人代辦。

3. 「品牌策略」以及「品牌的特質或形象」，都應該明確，且讓人易於了解、吸收；企業也必須提供充足的資金，在管理上兼顧「市場的水平整合」與「全企業上下的垂直整合」。

4. 一個成功的品牌必須以一種始終如一的形式，將品種功能與顧客心理上的需要連接，通過這種方式將品牌的定位訊息明確地傳給顧客，使其產生購買欲望。

三、成功品牌的基本關鍵

成功的品牌集各種因素之大成，不只單靠廣告、產品功能、它必須具備下列要件：

1. 產品本身必須具備符合市場需求的功能

顧客在製定品牌策劃時，一定要先考慮產品是否符合顧客的需求，要具有市場觀念，以顧客優先的原則來製訂生產計畫。

2. 必須滿足顧客的預期品質

品質是產品的生命，是品牌成功的基礎。一個品牌，必須包含顧客對品質的預期和感知，一個品牌的實際情況要盡量與顧客的預期品質符合，如果被顧客認為品質不夠高，對企業而言，必須做出相反的回應，一種是向顧客進行宣傳，傳播產品的有關訊息，顧客常常喜歡聽人說「某某商品是最好的」，在許多情況下，這種宣傳被法律和顧客認為是一種善意吹牛，另一種是向顧客提供現實的擔保。

3. 品牌必須能激發顧客的忠誠

顧客對品牌的忠誠度是品牌成功核心要素。成功的品牌會在競爭對手產品有更好的功能、價格和更便利的情況下，使顧客決定購買你品牌的商品。

4. 成功品牌必須不斷創新

在競爭環境中，刻意求新、獨樹一幟是使自己的產品興盛不衰的辦法。日系成衣品牌 UNIQLO 成功的主因是「從產品企劃、生產到銷售，全部由品牌自己承攬服務品質與布料材質，嚴格把關，讓平價也有高品質。」

產品創新對品牌行銷來說是一種觀點，也是一種挑戰，產品沒創新，也就沒有生命力。一個目光遠大，有作為企業，總是時時刻刻關注變幻莫測的市場競爭，它必須注重變革銳意創新，「速食時尚」的代表 Zara，也是服飾品牌的創新代表，並被許多時尚名流所推崇。

5. 成功品牌的信念與堅持

　　普仁關懷青年基金會三大服務計畫是「助學、引導以及育成」。超過 20 年的服務經驗，與全台學校合作，透過助學金提供、定期關懷訪視、社團合作、資源媒合轉介、一對一志工導師陪伴、培力課程安排等多元服務，讓全台貧困的孩子皆能穩定就學、適性發展、提升競爭力進而脫離貧窮循環，期間要求孩子定期繳交品格心得、公益服務時數，持續培養孩子回饋社會的心，成為未來繼續幫助弱勢的大手，實踐了普仁的宗旨。達到社會「善循環」的理想。讓國中到大學階段面臨困境的學生得到太陽般的溫暖與照亮。

➡ 圖 3-8　普仁長期關注「弱勢貧困學子」的議題，透過三大大計畫，陪伴孩子走過成長的關鍵十年。
（資料提供：普仁基金會）

四、成功品牌維持的基本關鍵

1. 善待顧客

顧客是企業的衣食父母，對待他們應以愛心奉獻。在企業經營裡，應該自始自終把顧客的利益放在第一位，讓他們有一種受人尊敬的感受，長期的合作關係將建立在互相尊重、信賴和努力行動的基礎上如企業須以這點作為企業文化滲透到公司的各個階層。如：全國電子「全國電子揪感心」、台灣啤酒「有青才敢大聲」、達美樂「達美樂打了沒28825252」、蠻牛「你累了嗎」，君品酒店的網站上寫著「在臺北遇上歐洲」、「這是一個充滿故事的博物館旅店」等Slogan，都清楚的傳遞出企業品牌視角。

2. 掌握顧客滿意度

顧客在購買產品後會體驗某種程度滿意或不滿意，他根據自己從買主、朋友、以及其他訊息中獲得的消息來形成他自己的期望。行銷人員要及時掌握顧客對產品和服務的滿意度，是維繫品牌忠誠的必要保障，行銷人員通過對顧客滿意度的調查與顧客進行溝通，他們可以做大量工作來幫助顧客對購買該產品的滿意。

3. 提供配套服務

提供配套服務，可以把顧客的購買情緒從隨意轉變成熱情。

4. 品牌資產管理

品牌是企業無形資產，知名品牌普遍具有創造超值利潤的能力。品牌可以為行銷建立穩定的顧客群，從而達到穩定行銷經營環境的作用，減輕企業的市場風險，品牌知名度和品牌資產最具有實質的內容，也就是行銷專家評定一個品牌資產的核心內容，在許多情況下，他們只能給予定性描述，而無法定量進行比較準確的評估。因為一個知名品牌是長期投入的累積，具有很多的報酬率。

五、行銷活動的一致性以強化品牌資產

如何長期強化品牌資產呢？品牌經營人員如何確定顧客是否仍然認識該品牌，以確保品牌能持續擁有適當的品牌資產來源？以一般觀點來看，品牌資產利用行銷活動將品牌意義一致性傳遞給顧客所創造出來的。

毫無疑問的，品牌強化最需考慮的是來自行銷活動的一致性；依據行銷活動的數量及本質。品牌若接收到的一些不適當的支持，如縮小行銷研究、縮減行銷溝通預算，均會冒著技術上的不利或甚至使其品牌退化、不合時宜、不恰當或被忘記的風險。

在品牌定位的性質方面，一個有關市場持續領先 50 年至 100 年的品牌調

查，大都是因為保持品牌一致性的利益。像資生堂、Levis、GUGGI、可口可樂、與其他一些曾經是市場領導者，品牌策略上都不斷創新。經典品牌走過的輝煌歲月，當消費者逐漸年長，如果年輕人不買單，百年基業會變成負擔。所以找到連結符合時代價值觀的訴求，讓不同世代都關注，是艱鉅的課題。

六、整合性行銷溝通方案

在競爭如此激烈、變化多端的環境中，企業無不致力於尋求各種新興的行銷策略或戰術，期望能夠打敗競爭者，進而提升市場地位。然而，這些許許多多的作法似乎使得行銷活動變得過於複雜、太多術語。因此，品牌如何協調與整合包括廣告、產品研發與設計、顧客服務、人員推廣、以及公關等活動，已成為品牌管理一項非常重要的議題。

除了品牌自身的內在質量、性能、市場適應性，以及品牌附加的服務等要素外，還需要更多地倚仗廣告和有效的公共關係的支撐。品牌一方面要通過廣告將品牌的質量、性能等有關資訊傳達給顧客群，另一方面還需要成功的公共關係提高品牌的知名度、美譽度，塑造品牌魅力，進而達到鞏固品牌、發展品牌之目的。

五個基本的整合性品牌管理步驟

01 認識品牌所要針對的目標客戶

品牌經營人不要單單只考慮顧客本身，影響企業品牌因素還有許多客體，這些因素包括有：顧客、合作伙伴、批發商、投資者，甚至品牌經營管理人本身，因為品牌管理人本身也是一位顧客。所以，在實行品牌管理前，必須確保對所有影響品牌的利害關係因素有充分的認識和掌握。

02 清楚了解自身所處的市場位置

必須要對企業的品牌被所有相關利害關係的客體所認識，因為品牌並不等於印在企業的宣傳文宣或網站上的圖案或標籤。品牌是存在於顧客腦中的印記，這種印記能否深深地烙印在顧客的腦中，將直接決定企業營運策略的成功或失敗，所以，品牌經營人員必須要花費時間和精力去研考目前已有的品牌聲譽。

03

仔細研究顧客、競爭對象和市場趨勢

如何對品牌進行全面定位，取決於四大因素的相融合，包括：所處的位置、顧客需求、競爭對手的位置以及影響商品市場的主要壓力，只有理解了以上的問題，才能為企業的將來建立恆久的發展基石，當對市場進行分析時，必須小心研究長遠地影響市場的一切因素，而非一些短期性的影響因素，同時要清楚了解企業的競爭對手的品牌策略，以及對方的市場發展趨勢。

04

切實和集中性地制訂品牌管理的目標

問企業以下的幾個問題：
(1) 品牌所蘊藏的價值是什麼？
(2) 品牌能否在眾多競爭者中脫穎而出？
(3) 產品品牌聲譽憑什麼激發顧客的認同？
(4) 產品的品牌所蘊藏的力量能否成為市場的主流，抑或是對市場的影響微不足道？

如果企業能向影響企業營運的對象進行調查，獲得以上問題的真實答案，那麼必定會為你的企業帶來莫大的幫助，但所有答案必與具有可信度。
把收集好的答案編成報告，直接被用於品牌管理策略的制訂。

05

說得出，做得到（落實承諾）

在顧客心中建立品牌印象是一項最具挑戰的工作，它要求品牌經營人員需不斷地審視企業的動態意識，以及審視企業如何實踐品牌的內涵，建立參考步驟：
(1) 先列舉出企業為建立品牌而進行的一切企業行為。
(2) 盡最大的力量向顧客傳遞品牌獨特而鮮明的訊息，在不間斷的與公眾連繫過程中，你所要表達和所要做的任何事，目標必須指向品牌的建立。

以上五個步驟是一個優質品牌管理所必經的過程，依照五個步驟的指引，企業是有機會可以創造出具恆久價值的品牌。

最後，必須要指出，良好品牌管理的直接結果是整合性行銷溝通方案的實現。因為嚴格地執行這五個步驟可以將企業的品牌持久地停留在顧客的心中，也即是令顧客很清晰地將產品從眾多的競爭產品中分離出來。

成功的品牌管理應全面掌握以上的步驟，再通過不斷與公眾的溝通，傳遞企業清晰明瞭的產品或服務信息，比如：GODIVA 代表世界首屈一指的頂級巧克力、哈根達斯冰淇淋強調「極致果香、極致之最」，確實地循五大步驟行銷，能幫助企業帶出一個簡單明瞭的品牌信息，最終成功地在市場中建立具獨特地位的產品品牌，此即為品牌管理的最大目的。

3-6　發展品牌資產管理策略

「品牌」絕對不等於商標及一個設計的 Logo。「品牌」的最終目的就是要顧客產生一種「非理性」的「感情」認同，一種消費「價值」的認同，因此「品牌」是需要經營的，對企業本身而言是代表一個商品或企業的經營價值，對顧客而言代表的是對一個商品或企業的消費利益信賴。所以一個好的「品牌」會讓顧客「瘋狂」、「非理性」，毫無條件對企業及商品產生認同、熱愛及大膽勇敢的消費，對於企業的成長及市場的占有可是有舉足輕重的地位。

品牌是一組連結名稱、符號的集合，並認為品牌權益的五項資產可創造其價值，分別是：品牌忠誠度、品牌知名度、知覺品質、品牌聯想、其他專屬的品牌資產。而品牌的不同所傳遞給顧客的訊息亦有所差異，品牌資產的高低取決於顧客的認知，新品牌首先要確定其品牌概念、品牌精神，透過品牌管理、品牌形象塑造，建立不同於競爭者差異化的優勢。

一、品牌資產的定義

品牌資產的概念是 1990 年代所興起最受歡迎且具潛力的重要行銷概念，將「品牌資產」論點整理如下：

1. 大多數的行銷實務者同意，品牌資產可從品牌所具有的特殊行銷效果來定義。品牌的顧客、通路成員與企業間的聯想與行為，使得具品牌者比沒有品牌名稱的企業獲取較高的銷貨量與較大的邊際利益，而且可以在競爭者間讓品牌取得較強烈、可維持且具差異化的優勢。

2. 一個賦予產品的既有品牌，對公司、交易或顧客所產生的附加價值。

3. 一組與品牌相連結的品牌資產與負債，其名稱、符號所增加或減去產品或服務所提供給公司或顧客的價值。

4. 相對於一可作為比較的新品牌，因過去一年的行銷努力，所導致對銷貨與利益的影響。

5. 品牌資產包括品牌強度與品牌價值：品牌強度是指部分的品牌顧客、通路成員與企業的一組聯想與行為，允許品牌享有持續且差異化的競爭優勢；管理者經由戰術與策略上之行動，來提供較好的現在與未來的利益和低風險，而品牌價值才是管理者影響品牌強度之能力、所導致的財務之結果。

6. 因成功的方案與活動，而在產品或服務的交易中，所產生可衡量的財務價值。

7. 品牌資產係某人是否願意繼續購買品牌的意願。因此，品牌資產的衡量強

烈地與忠誠度，以及從傳統的品牌使用者到可改造的使用者之連續區隔的衡量有關。

8. 擁有資產的品牌對顧客提供了可擁有性、信賴度、關聯性與明顯的承諾。

二、品牌資產利益

對於品牌資產利益，根據 Kevin Lane Keller 研究指出以下幾點：

| 1 較大的忠誠度 | 2 面對競爭性行銷活動時較不脆弱 | 3 面對行銷危機時較不脆弱 | 4 較大利潤 | 5 顧客反應漲價時較無彈性 |
| 6 顧客反應降價時較有彈性 | 7 較多的商業合作與支援 | 8 增加行銷溝通的效果 | 9 可能的特許機會 | 10 增加品牌延伸機會 |

三、品牌資產管理

品牌資產管理的一項重要活動為品牌強化，甚至賦予品牌新的生命。企業可經由行銷活動來強化品牌資產，並將品牌的意義一致地傳達給顧客。對主要聯想為產品相關屬性或功能性利益的品牌來說，產品設計、製造與陳列等方面的創新是維持或強化品牌資產的重要因素；而對那些主要聯想為非產品相關屬性或經驗性利益的品牌來說，維持或強化品牌資產的重要因素則是顧客對使用者與使用情形的印象。

另一方面，發展品牌資產管理策略實務必需：

1. 重新認識品牌的重要性

主要是因為品牌屬於企業的無形資產，是整個企業資產的一部分，因此購買時也需要加以評估。英國已有明確顯示品牌資產價值的制度，其他許多經濟

國家雖然沒有像英國這樣將品牌資產顯示在資產負債表上的會計制度，但「品牌價值」的觀點近年也逐漸得到認同。建立一個品牌的地位，通常需要 5~10 年，但網路興起，品牌可以迅速興衰。很多歐美企業 100 年前就已經開始培育品牌商品。企業一旦認識到品牌的重要性，確定品牌的長期發展培育的策略，在商品競爭上必能大幅領先不重視品牌的企業。

2. 創建品牌長期發展的基本要點

開發具有特色的商品。若僅僅依賴於企業形象，則商品競爭力很快會衰落。

先集中於傳統的商品行銷，然後再逐漸大至其他路線，若一開始就打算全面性推廣，反而會「稀釋」品牌價值。不能以商品上市時的銷路來判斷商品前途。

3. 建立品牌資產

戰術上品牌資產主要可由三種方法建立：

(1) 透過最初品牌要素建立良好品牌形象。

(2) 透過行銷計畫的設計。

(3) 透過品牌與其他實驗的連結以運用次級聯想。

首要為主題橫跨且建立多種不同品牌資產的方式，以互補性及一致性為重點。所謂互補式包含選擇不同的品牌基因及不同的行銷支援活動計畫，而其中某項品牌要素及行銷活動對品牌資產的潛在貢獻，可彌補其他要素及活動的不足。

舉例來說，部分品牌要素最初為設計強化意識（透過令人難忘的商標），而其他要素原本是設計為促進品牌聯想間的連結（經由具意義的品牌名稱）。同樣的，廣告活動可能被設計為創造特定相異點聯想，反而零售商的促銷被設計為建立重要的相同點聯想。最後，特定其他實驗可能被品牌已利用次級聯想及提供其他缺乏品牌資產資源的方式連結。

所以，策略性運用多元化的品牌要素及行銷活動計畫，以創造理想的意識程度及印象型態來提供品牌資產的必要資源是重要的。同時，品牌及行銷組合間的高一致性，可能幫助創造更高的意識及更強烈、更有利的聯想。所謂一致性是關於保證不同的品牌及行銷組合可以共享核心意義，或許在一些個案中包含及傳達相同的資訊！舉例來說，品牌及行銷組合可能被設計來傳達經過融合、以充分品牌化的行銷溝通強化的特定價值聯想。

在臺灣中小企業，或許沒有太多資金、心力投資在品牌知名度、品牌形象

的建立；但是對於品質的要求則不能馬虎，唯有賴於良好的品質，才能創造出吸引顧客購買的誘因，提高企業的競爭力及獲利率。臺灣企業的產品品質水準優良，已獲得世界的肯定，使得臺灣企業在世界漸露頭角，但是品牌卻是臺灣企業的一項弱勢，臺灣品牌一直很難被塑造起來，而一個良好品牌形象的建立，需要長時間的努力，所以品牌權益的保護與品牌權益的擴張同等重要。

企業可以從以下方面來提升本身的品牌權益：

一、提高品牌知名度

企業可以藉由廣告來提升品牌知名度，較高的廣告操作支出，可能會產生較高的品牌權益，而較高的品牌權益會使顧客產生較強的購買意願。

除了廣告以外，企業應該積極的和顧客拉近距離，透過和顧客的互動與溝通，企業可以知道顧客的需求及市場的動脈，而顧客則是藉由和企業的互動，能對企業有更進一步的認識，有助於品牌知名度的建立及提升。

對服務而言，建立品牌知名度更是有其必要性，因為越高知名度的品牌，越能增加顧客購買之信心。

Berry 針對服務業，提出了幾點建議：

1. 利用公司現有的品牌，透過廣告、服務設施及服務提供者的包裝，來達成溝通的目的。
2. 為進行品牌溝通，提高顧客認知之品牌知名度及品牌印象。
3. 建立正確的品牌權益，提供顧客良好的服務經驗，藉由口碑效果及親身的經驗，會比廣告更能說服顧客。

二、塑造良好的品牌形象

良好的品牌形象可以使顧客易於辨認產品、評估產品品質、降低購買時的認知風險，並得到差異化的感受和滿足，品牌形象代表了產品品質與價值的保證，對企業而言，品牌形象是開拓市場、推展產品的利器，品牌形象是存在於顧客心中的一種認知，企業若能深入了解顧客的喜好，便能有效地傳達訊息給目標顧客，建立目標顧客的品牌忠誠度。

三、加強產品品質

企業（廠商）若想要提升品牌權益，首要加強的便是產品品質，由於顧客越來越重視產品品質，產品品質已成為決定品牌形象評比時，最主要的一個認知因素。品牌形象與品質之間具有高度的正相關，若無良好的品質做為產品特質，即使經由廣告創造了優良的品牌形象也只是短暫，而無法長期維持，故企業應注意產品品質的優良性及可靠性。

品牌對於顧客的購買決策過程的影響力日益重要，因此，品牌的管理與經營在任何一家擁有品牌的企業中已成為一個重要的課題。傳統的企業經營思維是交易過程導向，但新的品牌思維要以客戶關係與顧客服務為主要取向，建立品牌忠誠度的不二法門取決於顧客，「對顧客而言，最重要的是企業的實際行動，企業不能光說不練。」

在多樣少量的特殊產業模式下，想要銷售多種不同的產品（許多都是為特定客戶量身打造），了解顧客對公司的品牌認同，才是讓業績持續成長的關鍵。IBM 認為「我們不是賣機器，我們賣的是客戶對我們的長期信任，他們相信我們可以提供最佳解決方案，」把握每個機會建立「新（心）關係」，用專業形象來提升客戶對品牌的認同。

3-7　策略性品牌個性

策略性品牌個性讓品牌變得有生命，成為顧客與潛在購買者和品牌建立情感的基礎，品牌表現的吸引力與情感聯繫令買賣雙方的關係更加鞏固。（如圖 3-9：品牌核心與品牌識別關係互動圖）

Lynn B. Upshaw 指出當一個品牌的策略性意圖（定位）成功地和外顯的品牌個性合而為一時，其識別的核心也因此而成形。這種合成體可能會是

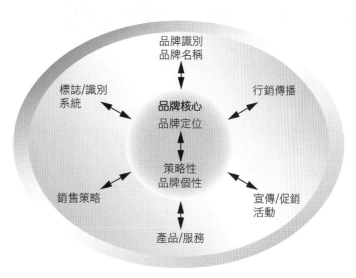

➡ 圖 3-9　品牌核心與品牌識別關係互動圖。
（資料提供：Linn B.upshaw）

推動潛在購買者選購品牌最重要的理由。因此，如果把品牌個性視為聖誕樹上的一件裝飾品，品牌個性是無法發揮作用的。相反地，實有必要形成品牌個性和定位之間的化學變化，以創造出一個全新和獨特的「品牌綜合體」，並且成為品牌的核心。

當品牌個性和策略性品牌保證越接近時，品牌對潛在購買者的吸引力越強。例如臺灣知名成藥品牌「斯斯」定位便利的成藥。簡潔的歌曲告訴大家：「感冒用斯斯～（用斯斯）～～咳嗽用斯斯～（用斯斯）～～痠痛疲勞用斯斯！」強調出明顯的定位和相呼應的品牌個性，也讓代言人羅時豐再度翻紅，主持第 33 屆（2022 年）金曲獎，還坐上膠囊從天而降。

這兩年城市也成為品牌，最具體的例子是屏東，2019 年屏東燈會翻轉全臺目光之後，全臺唯一的森林系圖書館「屏東總圖」由舊建築翻新，獲得德國 IF 設計獎，保留 50 年老樟樹的綠意，成為居民和閱讀之間最美麗的串連，也讓屏東樹立了嶄新的品牌特色。

➡ 圖 3-10　屏東圖書館引進 50 年大樟樹樹影和大廳內部相映襯，抬頭盡是綠意，是屏東最佳的品牌。
（資料提供：黃素秋）

CHAPTER

04

品牌知名度
——知曉品牌價值

4-1　緒　論

　　產品生命週期的縮短新產品不斷推出，顧客的需求越來越多樣化，同時對品牌的選擇機會增加，企業面臨競爭激烈的市場下，唯有強化品牌的知名度來吸引顧客購買，才能維持企業長期的經營理念。品牌具有滿足顧客的條件時，品牌知名度在顧客購物時占有極優勢的地位，無論何時選購，品牌知名度都很重要。

　　品牌知名度能透過刺激顧客的學習、記憶與習慣，進而產生喜歡等正面感覺，並刺激購買的行為，如「舒潔」透過大量的廣告刺激，當顧客使用衛生紙時就會想到「舒潔」衛生紙，進而習慣該品牌名稱，而將「舒潔」與衛生紙劃上等號，而下次購買衛生紙時自然會選購「舒潔」。品牌知名度也意味著產品品質的承諾象徵，如現在許多顧客購買電腦主機時，都要選購貼有「Intel Inside」字樣標籤的電腦，這個標籤就意味著品質保證。品牌的知名度越高，不僅表示顧客購買的可能性越大，因為顧客在購買時通常會將具有深刻印象的品牌作為購買的考慮組合，此外，也更能產生品牌聯想、品牌人格以及品牌忠誠度等延伸價值。

　　所謂品牌聯想是指，在顧客記憶中連結到某一個品牌的所有事物，以 IBM 為例，當顧客看到 IBM 的品牌時，通常會想到其相容性、可靠、昂貴等字眼，這些印象就是該品牌的聯想；如當顧客看到黑貓宅急便的品牌時，就會聯想到可靠、親切、專業、迅速以及低溫配送等印象。

　　增強品牌知名度可以提高該品牌被列入考慮項目組之中，也就是在購物時該產品會被顧客列為眾多品牌項目之群之中。以品牌經營為核心的行銷策略，可以從建立品牌權益開始：

1. 透過廣告、事件行銷、公共關係、促銷、各項社會議題的贊助、建立品牌知名度。

2. 以品牌知名度為基礎，品牌知名度使得品牌能進入顧客的考量組合中。品牌必須再接再屬於產品品質上精益求益，因為空有知名度，沒有優良的品質作後盾，知名度本身會成為一個品牌權益的負債而非資產。

3. 以關係行銷的策略構想，和顧客建立終生的關係甚至擴及顧客的家庭，塑造顧客忠誠。

　　品牌知名度的建立，是一種形象整合過程。創立品牌知名度的目的，是為了讓顧客知道你的產品與競爭對手差

異，從對品牌產生認知和聯想。品牌知名度的營造，一般要花費大量人力、物力、財力的投入，並非越多越好，而是要講究計畫策略、講究效果，以最小投入獲得最大的效益為最終目的。

如果企業經營者對自己所從事的產品種類、產品特性與定位非常清楚，才能確保所運用的行銷手段在市場中獲得較高的利潤與優勢。在設定品牌的過程中必須為一個產品設定標籤，使其具有一個到數個品牌要素，還要為品牌創造意義，與其他品牌的區別，而這些可藉由品牌的設計及行銷手法來達成。品牌代表的是產品在市場的知名度，即在消費者心中的美譽度和可信度；品牌知名度是產品品質優秀、服務優良的一種象徵，是對客戶的一種保證，也是一種品味的表現。 品牌知名度的形成「非立竿見影」，是在較長時間的日積月累中鑄造出來的。因而品牌的魅力無窮，品牌知名度的價值驚人。

顧客在視覺、聽覺或思考方面越常接觸某個品牌，該品牌就越能成功且清楚地進駐顧客的選購名單內。基於這個原則，任何能使顧客親身體驗該品牌的名稱、符號、標誌、象徵、包裝或廣告標語的線索，都能有效增強品牌要素的熟悉度和知名度，而這可透過廣告和促銷、贊助廠商和市場行銷、公眾人物影響力、公關力量和戶外廣告等手法建立品牌知名度。品牌與其相關產品類型以何種方式配對也會影響產品種類連結的強度，品牌知名度與品牌熟悉度有密切的關係，且被認為與顧客所累積的許多品牌之接觸和經驗有關。因此，任何使顧客注意並留意到這個品牌的事物，均可增加品牌知名度，至少從品牌認知來說是如此。顯然地，品牌在許多贊助活動中的能見度，暗示了這些活動對許多強化品牌認知而言特別重要。

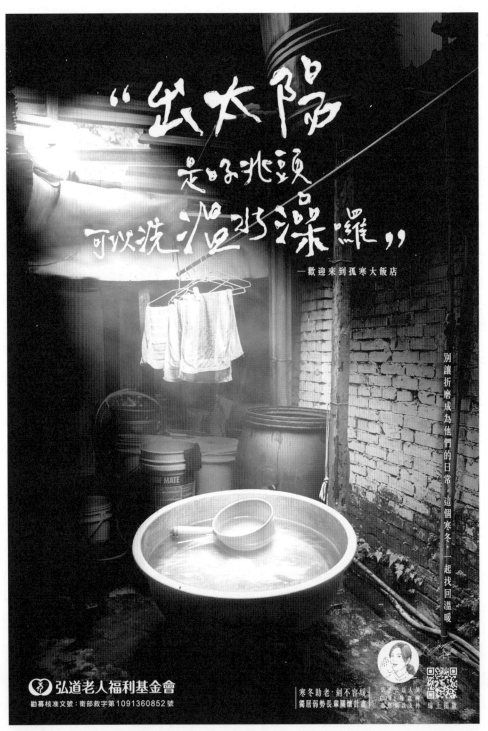

➡ 圖 4-1　弘道基金會第 12 屆寒冬助老刻不容緩以「孤寒大飯店」為主題，顛覆社會大眾對飯店的想像，引起關注。（資料提供：孤寒大飯店 2020，文：創異促動／圖：汪笙）

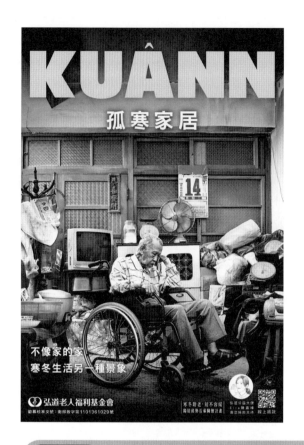

➡ 圖 4-2　弘道基金會第 13 屆寒冬助老刻不容緩以「孤寒家居」型錄為媒介，喚起社會大眾一起關注長輩需求。（資料提供：孤寒大飯店 2021，文：創異促動／圖：汪笙）

4-2　品牌知名度之意涵

　　Keller 以消費者之品牌知識解釋分品牌權益，以品牌知識觀點解釋品牌權益，品牌知識可分二部分：1. 品牌知名度；2. 品牌形象（又稱品牌聯想），根據以顧客為基礎的品牌資產理論的框架，顧客心中的品牌知識是創造和管理品牌資產的中心要素。品牌知識可以被概念化，成為一個品牌節點和品牌聯想的結合。顧客的品牌知識架構是品牌資產的關鍵。

　　品牌知識包括品牌知名度和品牌形象。品牌知名度關係到最終品牌節點，或顧客記憶追蹤的強度，而品牌知名度是由顧客在不同情境下辨識品牌的能力反應，品牌知名度包含品牌認知及品牌回想的行為表現，品牌認知談的是顧客面臨一個品牌線索時，他們將該品牌與自身先前經驗互相確認的能力。品牌認知談的是當顧客看某品牌時，心中對該品牌先前印象的辨識能力。換句話說，具有品牌認知能力的顧客，能正確無誤地指出先前曾看過或聽過的品牌。

➡ 圖 4-3 南方莊園渡假飯店為北臺灣第一家取得溫泉標章之國際觀光飯店,水療池塑造品牌認知。(資料提供:南方莊園渡假飯店)

➡ 圖 4-4 南方莊園渡假飯店透過場域與周邊綠地的氛圍,形塑出親子飯店的品牌聯想。(資料提供:南方莊園渡假飯店)

南方莊園 渡假飯店
SOUTH GARDEN HOTELS AND RESORTS

SOUTH GARDEN
HOTELS AND RESORTS

➡ 圖 4-5 南方莊園渡假飯店大量使用自然素材與色系,將室內外空間連成一氣,融入陽光、綠地、空氣和水,讓「建築」有溫度。LOGO 也循此概念設計。(資料提供:南方莊園渡假飯店)

品牌知名度在特定產品項目中，潛在顧客對某一品牌的認識或回憶是介於不為人知至人人皆知的連續構面，顧客通常會選擇購買自己熟悉的品牌，讓自己可以放心的使用該產品，所以品牌知名度的重要性在於知名品牌會優先被列入購買的考慮。

品牌知名度 (brand awareness) 是針對潛在顧客對某一品牌在某一特定產品類別中，再認知 (recognition) 或回憶 (recall) 的能力。品牌知識可稱為品牌權益，其乃由品牌知名度及品牌形象（即品牌聯想的組合）所形成的聯想網路記憶模式。

品牌知名度是品牌在顧客記憶中聯結與軌跡的強度，反映出顧客在各種情境下確認該品牌之能力。

品牌知名度是指顧客對品牌回憶及認識的表現，品牌回憶指的是給顧客一組產品類別時，他能擷取出該品牌的能力，品牌認識則是當品牌為一既定線索時，顧客能確定該品牌曾經出現過的能力。品牌知名度建立可藉由廣告、口碑及產品經驗來建立。

品牌知名度 (brand awareness) 是品牌在顧客記憶中聯結與軌跡的強度，反映出顧客在各種情境下確認該品牌之能力，品牌知名度含括品牌認識 (brand recognition) 及品牌回憶績效 (brand recall performance)。品牌認識係當品牌的相關線索展露時，顧客可以正確區辨出其先前所見所聞之品牌。

品牌知名度的特性可區分為品牌知名度之深度及廣度。品牌知名度之深度 (depth) 為品牌要素進入顧客心中之容易程度，越容易認識及回憶其深度越深。品牌知名度之廣度 (width) 係購買或使用時，品牌要素進入顧客心中之範圍。廣度與消費之產品知識及記憶組織有關。

品牌知名度指的是一個品牌在顧客心中的強度。在創造品牌的過程中必須為一個產品設定標籤，使其具有一到數個品牌要素，還要為品牌創造意義，品牌節點或形跡的強度，同時也反應出顧客在不同情況下區別該品牌的能力。從建立品牌知名度的觀點來看，許多實例中，不只是品牌知名度的深度有影響力，還包括了品牌知覺的廣度，且後者能適當地將該品牌與顧客心中多種不同的產品類型和線索連結。

另一方面，顧客的品牌知識架構是品牌資產的關鍵。品牌知識包括品牌知名度和品牌形象，品牌知名度關係到最終品牌節點，或顧客記憶追蹤的強度。而品牌知名度是由顧客在不同情境下辨識品牌的能所反應，品牌知名度包含品牌認知及品牌回想的行為表現。品牌認知談的是顧客面臨一個品牌線索時，他們將該品牌與自身先前經驗互相確認的能力，心中對該品牌先前印象的辨識能力。

綜合而言，品牌知名度包括品牌認知和品牌回想的呈現。由此延伸出與品牌知名度相關的內容。

1. 品牌認知：

品牌認知談的是當顧客看到品牌時，心中對該品牌先前印象的辨識能力。

2. 品牌回想：

品牌回想指的是當顧客閱讀產品目錄，想藉由目錄購得所需時，或是當顧客在其他購買和使用情況下，是否具有能力回想起某特定品牌。當顧客記憶中擁有很多產品訊息時，通常要認知一個品牌比要回想一個品牌來得容易。另外一項關於品牌認知和回想的重要性在於，當顧客進行選擇時，該品牌有無包括在可供選擇的目錄內。

3. 品牌知名度的特性：

品牌知名度有其深度和廣度的特性：

(1) 品牌知名度的「深度」：指的是品牌要素深入顧客心中的可能性。舉例來說，某個品牌因具有較深的品牌知名度，所以它能比只被認知的品牌輕易地被顧客想起。

(2) 品牌知名度的「廣度」：指當顧客在某種購買和使用情境中的想起該品牌的要素時，品牌知名度的廣度即代表這個情境的範圍。品牌知名度的廣度，取決於該品牌和產品的知識在顧客的記憶中占有的範圍夠不夠廣。

要創造品牌知覺涉及到給產品一個身分識別，而此種身分識別的建立是藉由將各種品牌要素與產品種類相連，並與購買和消費或其他使用情況建立聯想。

品牌節點或形跡的強度，同時也反應出顧客在不同情況下區別該品牌的能力。故品牌知名度的特性，可區分為品牌知名度之「深度」及「廣度」。品牌知名度之廣度係購買或使用時，品牌要素進入顧客心中之範圍，深度指立即映入腦中的品牌名。

4. 品牌識別：

品牌知名度指的是關於顧客在記憶中較強的品牌連結或痕跡，在品牌知名度構面中「品牌識別」指的是關於當有品牌線索時，顧客有能力去確認先前所顯現的品牌，換句話說，品牌識別需要顧客能正確的區別品牌，也就是以前曾經看過或聽過。

5. 品牌回憶：

「品牌回憶」指的是當出現既定產品類別時，顧客有能力去喚起品牌，藉由產品類別一定程度的滿足或一些其他調查的形式，如同線索，所指的也就是顧客一想到產品就會馬上想到的品牌名稱。

例如：當顧客欲購買汽車時就會馬上想到 Toyota 或 Honda、電器用品就會馬上想到 Sony 或 Panasonic、電腦就會想到 ASUS 或 Apple、球鞋就會馬上想到 Nike 或 Adidas 等，此種喚起品牌程度越大，通常表示該品牌知名度越高。

4-3　品牌知名度之功能

　　Aaker 認為品牌知名度除了可讓品牌被考慮外，還可以產生其他的品牌聯想，並將熟悉或喜歡的品牌要素連結，也是品牌產品品質的承諾符號。故品牌知名度、知覺品質、品牌聯想是代表顧客對於品牌的知覺和反應。

品牌知名度可以創造品牌擁有者下列利益：

1. 當顧客做購買決策時，品牌知名度使得品牌能進入顧客的考慮組合中，而該品牌是否能評估，進入考慮組合中取重要的第一步。
2. 品牌知名度高的狀況下，可以影響顧客的選擇。
3. 品牌知名度可以影響聯想的強度，進而由品牌形象影響顧客的決策。

Keller 認為品牌知名度在顧客決策過程中扮演非常重要的角色，主要的原因有：

1. 當顧客想到產品種類時，顧客會想到高品牌知名度的產品。當顧客作購買決策時，品牌知名度使得品牌能進入顧客的考慮組合中，而該品牌是否被評估，進入考慮組合中最重要的第一步。

2. 品牌知名度高的狀況下，可以影響顧客的選擇。品牌知名度會影響顧客所要購買的品牌決策，因為在考慮所選擇的品牌範圍中，已經顯示顧客的決策規則為購買熟悉的、有名的品牌產品。尤其是當顧客缺乏採購動機，涉入程度很低或是對品牌訊息不是很了解時，顧客可能會根據品牌的知名度來選擇產品。

3. 品牌知名度可以影響品牌聯想的強度，進而由品牌形象影響顧客的決策。品牌知名度會藉著品牌形象中品牌連結的強度以及構成要素來影響顧客的決策過程。

4. 品牌知名度除了可讓品牌被考慮外，可以產生其他的品牌聯想，並予熟悉或喜歡的品牌要素連結，也是品牌產品品質的承諾符號。故品牌知名度、知覺品質、品牌聯想是代表顧客對於品牌的知覺和反應。

品牌知名度在顧客購買時占有相當的優勢地位。許多研究結果顯示，顧客很少忠於某一特定品牌，反而會忠於一組品牌（少數幾個品牌）。因為典型的顧客購買行為，只會考慮少數幾個品牌，而且有較高的知名度才較容易被放置於顧客選擇的名單中。

全鋒道路救援擁有全台最大服務網絡救援車輛數、專業車隊管理團隊、全方位的客服中心、智慧科技化的派遣系統，提供 24 小時全年無休的道路救援及行車週邊服務，是道路救援產業的先發品牌。

→ 圖 4-6　全鋒事業註冊商業標誌，應用於服務車輛車體識別等。（資料提供：TMS 全鋒事業）

品牌知名度在顧客購物時的三個決策要素中均甚為重要。

1. 某品牌在顧客購物時占有極優勢的地位，或是該品牌具有滿足顧客的條件，無論何時選購，品牌知名度都很重要。

2. 品牌知覺足以影響顧客在含有眾多品牌的考慮項目群組中的選擇結果，甚至是在沒有其他相關的品牌聯想時。

3. 品牌知名度影響消費選擇的過程，是透過左右品牌聯想的形成及其強度，以美化品牌形象。

此外，內部宣傳絕對是另一個增加品牌知名度等對產品品牌評價與顧客購買意願的影響：

1. 品牌知名度高的產品較品牌知名度低的產品有顯著較高的再購意願。

2. 產品種類在價格折扣幅度對再購意願的影響中具有干擾效果。對於購買頻率高的產品而言，價格折扣幅度高低對於顧客再購意願之影響小於購買頻率低的產品。

3. 產品種類在品牌知名度對再購意願的影響中具有干擾效果。對於購買頻率高的產品而言，品牌知名度高低對於顧客再購意願之影響大於購買頻率低的產品。

4. 品牌知名度高的產品較品牌知名度低的產品有顯著較高的產品品牌評價。

5. 顧客產品品牌評價與顧客再購意願二者間有顯著的正向關係。

　　建立高度的品牌知名度的優勢可由三點敘述。

1. 品牌在顧客購物時占有極優勢的地位。

2. 該品牌具有滿足顧客的條件，無論何時選購，品牌知名度都很重要。

3. 增強品牌知名度可以提高該品牌被列入考慮項目組之中。

　　品牌知名度影響消費選擇的過程，是透過左右品牌聯想的形成及其強度，以美化品牌形象，創造品牌形象。知名的品牌大都化成一個別出心裁的圖像符號，藉以加深消費大眾的印象，對於吸引購買具有絕大的威力。

　　在超越產品範疇的認同上，品牌經營人員必須以各式大量的活動事件(Event)與社會大眾溝通互動，以觸發其感性層面的慾望。了解主客戶群的需求，並加之以情感的訴求最成功的例子，以全鋒為例，全鋒事業將平台式整合概念拓展到生活服務，成立「科技客服」、「世界玩家旅行社」、「生活玩家」、「JoinMe 揪車」等生活服務事業，成為國內第一家提供一站式行動生活整合服務平台的企業。

➡ 圖 4-7　全鋒將平台整合概念拓展到生活服務。（資料提供：TMS 全鋒事業）

➡ 圖 4-8 「揪車」清晰定義顧客族群的樣貌，鎖定喜愛呼朋引伴、小團出遊的青年學子進行訴求，並結合校園書局聯名行銷，快速針對特定族群建立形象。（資料提供：TMS 全鋒事業）

近年來,隨著網際網路的狂熱和消費行為的改變,網路商店的銷售額逐年的成長,網路商店最常使用的促銷方式便是價格折扣,因此網路購物的一些外部訊息(如折扣幅度、品牌知名度、網路商店知名度)對網友知覺和購買意圖具有影響。

網路商店的知名度也有下列幾點必須注意的事項:

1. 不同網路商店知名度下,不同折扣幅度對知覺品質的影響是不一樣的。
2. 品牌知名度對知覺品質的影響是顯著的。
3. 不同品牌知名度下,不同折扣幅度對於知覺品質的影響都是不顯著。
4. 網路商店知名度對網路商店形象的影響是顯著的。
5. 知覺品質、知覺價值、網路商店形象、購買意圖之間的關係是顯著的。
6. 不同產品知識(高低)下,折扣幅度對知覺品質的影響是不一樣的。
7. 不同產品知識(高低)下,品牌知名度對知覺品質的影響是一樣的。
8. 不同產品知識(高低)下,網路商店形象對購買意圖的影響是不一樣的。

4-4 建立品牌知名度

品牌知名度是一項常常被低估的資產;然而,知名度向來都會對人們的感受,甚至品味造成影響。人們喜歡熟悉的事物,並且總是對自己所熟悉的事物抱持著正面的態度。「內建英特爾」(Intel Inside) 的活動,戲劇性地把品牌知名度,轉化為感受到的科技優異性與市場接受度。

品牌權益的高低,取決於五個主要因素(圖 4-9):

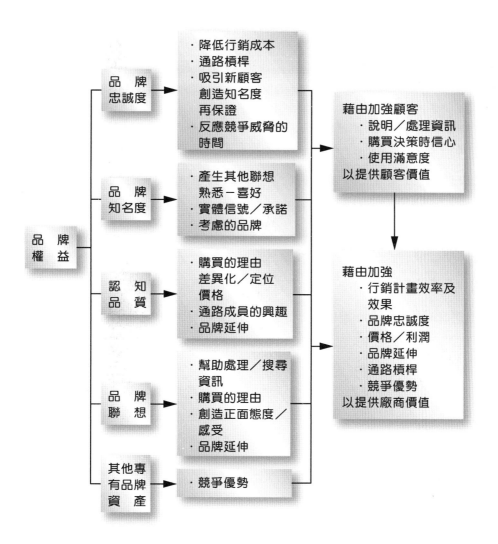

➡ 圖 4-9　品牌權益的構面。（資料來源：Aaker, D. A. (1991). Managing Brand Equity. N.Y.: The Free Press.）

1. **品牌忠誠度 (brand loyalty)**：為品牌權益的核心部分，也是最重要的因素。顧客滿意先前的使用及購買經驗，而創造出對品牌的一種偏好程度；衡量品牌忠誠度可以藉由：再購率、購買的百分比及該品牌數的購買來做直接的衡量。具有品牌忠誠度的價值則可以降低行銷成本、交易槓桿、吸引新顧客（創造品牌知名度及對新顧客的再保證）、有時間回應競爭者的威脅。

2. **品牌知名度 (brand awareness)**：顧客對於認識或回想某一類產品的能力，而對品牌的認識則構成溝通的先決條件，換句話說，為一種潛在於購

買者能力使其辨認出且能回想商品所歸屬產品類型；品牌知名度的價值：品牌聯想的基準點、熟悉感、實體與承諾的訊號、使得品牌被考慮。

3. **認知品質 (perceived quality)**：顧客購買前的預期和購買使用後的感覺，兩者之間的差異；認知品質的價值：提供購買的原因、用以差異化或是定位、購買價格的基準、引起通路成員興趣及進行延伸的可能性。

4. **品牌聯想 (brand association)**：人們記憶中對某一品牌，所能聯想到的所有事物，能幫助顧客從眾多訊息中，萃取出決策所需的資訊；品牌聯想的價值是幫助資訊的處理及重新取回、差異化定位、提供購買的原因、創造正向的態度與感覺延伸的基礎。

5. **其他專有品牌資產 (other proprietary brand assets)**：一個品牌所擁有的專屬資產，是其他競爭者所無法替代者，如註冊商標、專利權、所有權、商譽、通路關係等等。其他專屬品牌資產能為其品牌創造出競爭優勢。

品牌知名度的建立，品牌知名度與品牌形象之觀點如下：

1. 品牌所要呈現的是何種產品？
它提供怎樣的利益？
它能滿足怎樣的需求？

2. 品牌如何使產品更加優越？
顧客心目中存在怎樣品牌聯想的強度、喜愛度、何獨特性？

3. 行銷人員發現品牌知名度 (brand awareness) 還有另一項有力的副產品－導致客戶的忠誠度，但僅出現於試用之後，才會持續購買的行為。

品牌知名度在品牌建立中，扮演著最關鍵的角色。對產品而言，產品品牌知名度是品牌最主要的象徵，對品牌知名度的好壞認知會影響到產品品牌之績效；然而對服務來說，企業知名度卻是最主要的品牌知名度。品牌知名度在服務業裡扮演著重要角色，因為越強的品牌知名度，越能增加顧客的購買信心。

品牌的創建，是一種形象整合的過程。創立品牌的目的，是為了讓顧客知道你的產品與競爭者的差異，從而對品牌產生認知和聯想。

品牌行銷中建立品牌知名度的可進行操作方法：

1. 逐一拜訪：每一個城鎮、每一個市場去拜訪、每一個通路逐一推介產品，對象包括測試群 (test groups) 或具有影響力的人或團體。

2. 送樣品：贈送免費樣品讓目標對象試用，同樣也是逐一走訪各個市場及通路。

3. 廣告：除了各式傳播媒體外，以創意的手法從事媒體企劃和廣告製作，包括「冠名」或置入操作。

4. 利用贊助名義：例如音樂會或運動比賽、藝術展覽或公益活動等。

5. 促銷：最熱門及簡單操作的方式，顧客也最有感。

6. 公共關係：指的是不必付費的媒體，例如記者會，展覽或主動提供新聞稿等，增加大眾對企業及產品的認識。

7. 辦活動或鼓勵參與：操作公關、贊助活動，效果可讓知名度提升，亦是一種創造品牌忠誠度的方法。

8. 尋求支持：獲得獨立市場或測試機構的認可或驗證，能使產品聲望扶搖直上，品質也因此受到肯定。

在公關基礎理論裡，公關不只是對外還包括對內。員工其實是最好的傳聲筒，假如員工對他的朋友說 XXX 網站的搜尋的功能比我們網站的強多了，這個傷害可能比來自於第三者（包括媒體）還大得許多。千萬別忽視口頭傳播 (word of mouth) 的力量，獲得員工的認同就是獲得免費並且最好的廣告方式。

品牌與其相關產品類型以何種方式配對也會影響產品種類連結的強度。品牌知名度之高低是指顧客在特定的產品類別中，能夠確認及記憶某一品牌的能力，因此他能提供一品牌熟悉性和承諾。

另外品牌知名度藉由進入顧客的考慮組合中來影響顧客的選擇，該品牌是否能被評估，是進入考慮組合最重要的第一步，而在實際購買行為發生時，顧客往往會選擇熟悉且具有知名度的品牌，所以我們可視品牌知名度為協助顧客簡化產品資訊，從事購買決策的一項有力工具，也因此高知名度品牌通常具有相對較高的品牌權益。

市場上知名品牌實證發現具有高知名度及良好形象的品牌，能吸引顧客較高的品牌忠誠度，較高的品牌知名度，使得顧客對該品牌能確認及回憶的能力較好，再進行購買決策時，該品牌出現在腦海的機率越高，由於服務具有無形性，顧客在面對服務選擇時會藉由品牌來降低知覺風險的存在，而好的品牌知名度，可以增加顧客對產品的信賴感，增強其購買意願。

富邦金控 60 周年推出雙品牌廣告，以「時間價值篇」宣示永不停歇的企業使命，以「生活財報篇」連結臺灣的土地與族群。來凸顯富邦 60 年的穩健營運及不變的堅實承諾，以金融服務、體育及文化的贊助帶給人們生活的改變，建立品牌信賴感，進而提升品牌轉換率，提高年輕族群對於富邦金控的品牌偏好度。

「亞典菓子工場」是國內投入先進自動化設備及「無塵室」作業廠房的專業蛋糕工廠，所有蛋糕全部在最衛生的『無塵室』生產包裝。廠房內採用無塵式隔間，空氣經過過濾才流入生產線，從麵糊的攪拌到烘焙出爐一貫化條件生產，讓蛋糕品質從第一條到第五千條保持最佳狀態，全程符合超高衛生標準既安全的品質控管。為了防止空氣中灰塵細菌沾黏，也以最先進的真空充氮包裝機及『科技無氧包裝 』把新鮮、香味包起來。

➡ 圖4-10　「亞典蛋糕密碼館」以「幸福為圓心‧甜蜜為半徑」用心製作蛋糕。（資料提供：亞典菓子工場）

Berry 針對服務業品牌知名度,提出服務品牌權益的構面(如圖 4-11):

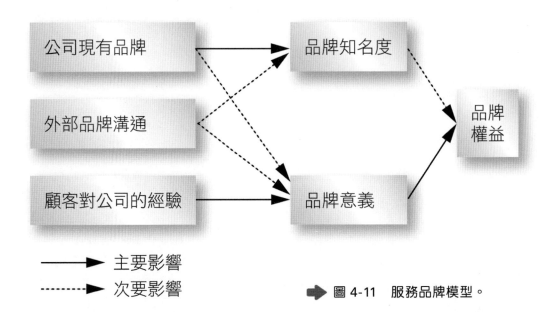

主要影響
-------- 次要影響

圖 4-11 服務品牌模型。

1. **公司現有品牌(company's presented brand)**:透過廣告、服務設施及服務提供者的外觀打扮,來達成溝通的目的。企業名稱、符號是視覺的表現,和廣告主題、形象作聯結,是構成現有品牌的品牌知名度之核心要素。

2. **外部品牌溝通 (external brand communications)**:口語溝通及公開資訊是企業最常使用的方式,企業可因此提升品牌知名度及品牌印象。利用現有品牌進行溝通的目的,乃是為了要加強品牌,一旦增強口語溝通或是廣泛的公開資訊,皆可能使品牌溝通由次要影響變成主要影響。

3. **顧客對於公司所擁有的經驗 (customer experience with company)**:顧客的經驗是最有力量的,若顧客接受服務的經驗不同於廣告訊息,顧客將會相信他們的經驗,而不是廣告訊息的內容。

4. **品牌意義 (brand meaning)**:顧客對於品牌的主要認知,是對品牌所存有的印象及聯想。

5. **品牌知名度 (brand awareness)**:真正的品牌知名度在品牌行銷優勢上,會勝過不知名或假想品牌名稱的競爭者。

品牌知名度對於顧客決策很重要，主要是它能藉著知名度進入品牌考慮的組合中，它也能影響品牌由這些組合中被選擇。

4-5 品牌識別與品牌知名度

品牌識別是定位和品牌個性的一種結合，使得產品或服務在顧客心目中建立獨特的性格。品牌識別來自企業識別系統，企業識別系統簡稱 CIS(corporate Identity System)。

企業識別系統展現活力新形象、觀念，成為現代企業經營順應時代潮流、實踐企業行銷策略的有效手段。在企業識別系統中，除了企業標誌就屬企業或品牌標準字最為重要，是識別系統中的核心，亦幾乎涵蓋所有企業識別系統裡的設計應用要素。

企業識別，講求設計表現的全面計畫，將之加以視覺統合化。以迄今日請求系統化、標準化的整體設計系統 (total design system)，動員所有人、事、時、地、物，關於視覺官能、精神理念、行為活動的企業識別系統 (corporate identity system)。

企業情報傳達的訊息，已由從前告知經營內容、強調產品特性的生硬、直接促銷活動，提升為傳達經營理念，表現精神文化的高層次認知、識別走向。企業識別設計分為標誌、標準字、標準色、企業造形、象徵圖案及版面編排模式和企業識別手冊等。

提供圖 4-12 臺師大百年校慶之品牌識別參考說明：

一、標誌意涵

本設計由原台北高校三角形校徽與台灣師大圓形標誌造形結合數字100與中文「百」字組構而成，象徵師大校史自1922年台北高校創始，承繼發展至今，大師輩出、樹立典範，並在此百年校慶之際，承續典範榮光邁向未來，鏈結國際、融合中西，開創世紀典範風華。

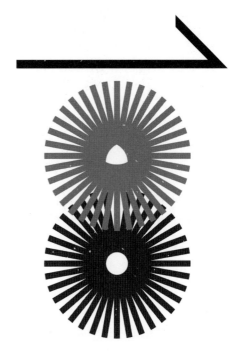

➡ 圖 4-12a 臺師大百年校慶之品牌識別參考。

二、主要形象標誌

校慶標誌基本樣式包含五項元素。

1. 標誌100圖像
2. 「百年傳承・世紀典範」校慶標語標準字
3. 「國立臺灣師範大學」中文全銜標準字
4. 「百年校慶」標準字
5. 中文標準字之間之分隔線

在主要形象標誌使用上，除了文字與分隔線使用黑色外，二放射狀圓形圖案分別使用金色（Pantone 873C）和棗紅色（Pantone 7622C）。

Pantone 7622C
C26 M95 Y85 K24

Pantone 873C
C38 M34 Y100 K7

Pantone Black 6C
K100

使用此標誌組合時，不得任意拆解、變形或更改其他顏色。

百年傳承・世紀典範
國立臺灣師範大學
百 年 校 慶

➡ 圖 4-12b　臺師大百年校慶之品牌識別參考。

三、中文形象標誌使用規範

本中文形象標誌共有三種組合模式,以因應各種
宣傳設計之需求。

a. 主要中文形象標誌。
b. 次中文形象標誌,凸顯活動精神標語,當不須
　出現活動全名時選擇使用。
c. 次中文形象標誌,本組合適合橫式宣傳廣告物
　應用,或當需要突顯活動文字為主時使用。

a.

b.

c.

➡ 圖 4-12c　臺師大百年校慶之品牌識別參考。

品牌識別傳達品牌精神、品牌文化與品牌個性；是體驗行銷中最重要的一環，包含品牌精神的視覺表視、包裝識別、員工服務品質、媒體廣告表現等；透過有效的視覺表現與同業產生區隔。

美國行銷協會 (American Marketing Association) 的品牌識別定義，品牌識別是一個名稱、術語、記號或設計，甚或是它們的結合，為的就是要識別個別賣方或群體賣方的商品與服務，並且在競爭中區分這些商品與服務。根據這個品牌識別定義，可知創造品牌的關鍵，在於決定一個名稱、圖樣符號、設計或屬性，以便識別一個產品，並與其他的產品作一區分，因此我們稱這些可以識別與區分的品牌成分為品牌要素。

品牌識別的要素有品牌、商標、文案、色彩計畫、包裝結構及平面設計，這些要素構成後續之廣告及促銷基礎。品牌識別是定位和品牌個性的一種結合，使得產品或服務在顧客心目中建立獨特的性格。良好的品牌識別精確的塑造出品牌廠商想要的形象和產品定位。因此，要塑造一有效之品牌識別系統，必須從最基礎之元素著手並確定產品的最佳品牌識別行銷策略。

一般而言，品牌識別常是企業行銷產品的利器之一，品牌識別必須旗幟鮮明，經由有效的品牌識別建構品牌知名度可使顧客對企業產生認同感並接受其產品；因此，商業廣告設計顧問公司在協助企業建構產品品牌識別與品牌知名度時，應了解顧客對於產品品牌的識別情形。品牌經營人員都期望創造以品牌知名度為中心的各種聯想；再以專利、註冊商標、簡短有力的標語、品牌個性等延伸品牌的核心識別。

關於品牌識別策略有以下幾點說明：

1. 品牌形象是品牌價值動力來源，品牌識別累積品牌形象，無論品牌經過多少層次的轉換與提升完整的品牌識別形象，仍是優勢品牌最有力的武器。

2. 微利時代，價格不再是影響決策唯一因素，要成為主流、高品味的商品，必須透過品牌識別的建立高價位之企業形象與品牌資產。

3. 新品牌的建立，擴大發展範圍，拓展新事業體，都必須藉由品牌識別傳達全新的品牌印象為品牌帶來活力與願景。

4. 商品、商店（連鎖店）、企業、集團、全球性集團、網站；透過整體性規劃，展現一致；清晰而且跨越文化的國際性語言。

5. 經由審慎策略擬定，產業分析市場定位，個性塑造、創意命名，帶領企業邁向完整而圓滿的品牌識別形象。

6. 確定形象定位後，發展基本系統，應用系統延申設計規劃搭配媒體、行銷、公關、包裝、網路；使整體品牌識別更至完美，達到有效傳播。

一般而言，品牌識別導入的主要原因有兩個方面：

1. 外部挑戰

❶ 成本的挑戰。

❷ 競爭的挑戰。

❸ 傳播的挑戰。

❹ 顧客的挑戰。

❺ 消費行為改變的挑戰。

2. 內部需求

❶ 吸收人才；確保競爭力。

❷ 激勵員工士氣，改造組織氣候。

❸ 增強金融機構與股東的好感和信心。

❹ 提升品牌形象與知名度。

❺ 統一設計形式可增強廣告效果，節省製作成本。

另一方面，品牌識別導入的適當時機也有兩個方面：

1. 內部時機

❶ 新公司成立，合併成企業集團。

❷ 股票上櫃上市，創業週年紀念。

❸ 企業擴大營業內容，朝多角化經營。

❹ 進軍海外市場，朝向國際化經營。

❺ 新產品的開發與上市新品牌。

❻ 企業改組成經營階層更換，創作新風。

2. 外部時機

❶ 提升企業商品品牌的共同性。

❷ 經營理念的重整與再出發。

❸ 品牌個性模糊，品牌差異不明確。

❹ 消除負面形象，整合品牌實態與形象。

❺ 改善經營危機，防止事業停滯。

決定品牌識別行銷策略的步驟有：

1. 進行市場調查

對目標群進行人口統計、心理及生活型態之研究分析，並確定市場「供需差距」。

2. 決定品牌識別策略

一旦市場「供需差距」確定，應對主要競爭者實力進行了解，並確定自有品牌之優勢所在。以上是建立市場區隔品牌識別之必要條件。

3. 蒐集相關資料

用之建立成熟周延之品牌識別策略，包括產品（功能、用途、個性化）、顧客（生活特質、需求、希望）及競爭（主要競爭者、設計行為規範、優勢）。

4. 確定品牌識別策略的相關問題

(1) 產品品牌識別

① 您如何評價您今日之產品？

② 五年後您希望該產品的評價為何？

③ 今後該產品是否將有重大改變？

④ 如果您的產品是一個人，您如何描述他？

⑤ 請分別列舉最能表現您今日及五年後產品的五項特質。

(2) 顧客品牌識別

① 您的目標顧客群為何？

② 該顧客群的人口結構為何？

③ 該顧客群的生活特質為何？

④ 他們對您所從事的產品類別有何需求、要求和希望？

⑤ 您希望目標顧客群對您的產品有何種印象？

(3) 競爭環境品牌識別

① 哪一個品牌您認為是您最大的競爭者？

② 您最敬佩之競爭者品牌有哪些？

③ 哪些競爭者擁有最佳之品牌識別系統？

④ 這些品牌識別系統最令您欣賞的特質為何？

一般而言，建立和管理品牌識別的最有利方法，包括：

1. 作好顧客分析，運用最新的個人化導向策略來瞄準自己的市場。
2. 找出品牌資產，並利用他們建立一個更強勢、更長遠的品牌識別。
3. 利用優於傳統思考及品牌定位的新方法，為自己的產品或服務定位。
4. 塑立一個迷人的策略性品牌人格，以超越其他的競爭品牌。
5. 利用最新科技所提供的品牌建立方法，尤其是互動式行銷。

4-6　品牌知名度與品牌個性

　　透過品牌個性的建立可以增加品牌知名度，臺灣廣告經常告訴我們，買 CITIZEN 手錶要找田馥甄，金城武之於長榮航空、中華電信、戴姿穎之於 ubereats、郭婞淳之於台灣大哥大，田中馬想到任賢齊等。品牌個性是當顧客看到你的產品時，會聯想到什麼人？什麼性別、價值觀，外觀、甚至是教育程度？這些聯想會將品牌深入到顧客的生活，讓顧客覺得和這個品牌就像朋友般。當品牌個性很吸引人時，就可以轉換成產品的「獨特賣點」。

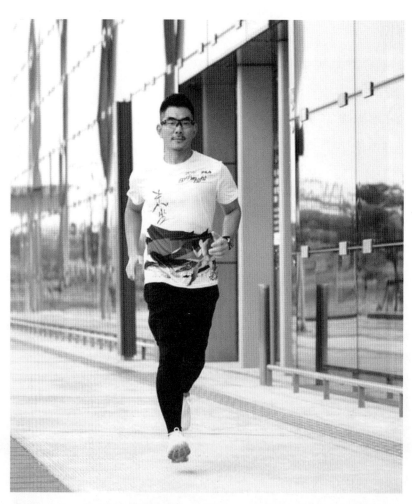

➡ 圖 4-13　藝人任賢齊為田中子弟，2017 年專程回鄉為田中馬拍攝宣傳影片。（資料來源：田中馬拉松）

透過品牌個性的建立可以增加品牌知名度，功能差異不大、難以突顯品牌個性的產品，適合利用廣告代言人來彰顯品牌的個性。網路名人對品牌或商家、店家的推崇也直接影響消費者的喜好，採用代言人可以加強顧客對產品的印象，幫助顧客選擇。

而商品選擇代言人的標準，其實是看想從代言人那裡獲得什麼資訊，有的品牌需要知名度，那麼它就得找一個知名度相當高的名人來拉抬產品；有的希望獲得目標客群的好感，就要找能讓目標族群認同的對象代言；有的想要贏得顧客的信賴，那麼專家就是比較好的選擇。例如可口可樂旗下品牌：怡漾無標籤鹼性離子水代言人找桂綸鎂、喬亞咖啡代言人找陳柏霖、原萃／冷萃代言人找阿部寬，可口可樂「和在玩瓶」活動代言人找林柏昇／炎亞綸。

品牌個性應該是仔細分析和邏輯推理下的產物，因為品牌個性是品牌定位策略的延伸。但是事實上，品牌個性從字面上就看的出來是感性重於理性的事物，因為它反映出顧客對品牌的感受，以及品牌如何在情感上給顧客回饋。

除了品牌聯想之外，品牌形象的另一個決定因素是品牌個性。這兩個因素合起來，決定品牌在顧客心中的形象。

「臺灣米倉田中馬拉松 Taiwan Rice Heaven － Tianzhong Marathon」，廣受國內外跑者喜愛，被評價為臺灣經典賽事前三名，是國內外跑者來臺指定參與的重要賽事。

「臺灣米倉田中馬拉松」是臺灣最具人情味、農村特色的馬拉松。它是田中人的驕傲。全鎮在賽事期間，展現在地的友善與熱情，一路幫跑者加油，邀請跑者用腳步支持臺灣的自耕農，以步伐體驗稻香、米香、人情的故鄉。

從無到有，「臺灣米倉田中馬拉松」志工從活動初始百人，到現今 8,000 多名鄉親親力親為，選手從 4,000 多人到現今 16,000 位的秒殺支持，帶動了彰化田中鎮地方商機與青年返鄉熱潮，發展出單車小旅行、農事體驗、運動團練、國際體驗團等觀光旅遊風氣，也讓田中人找到自信和驕傲，成功翻轉了田中小鎮，使其成為臺灣跑者之鄉。田中馬拉松的催生者也是創辦人鄭宗政表示，即使疫情肆虐，整體抽中賽事的比例只有 40%，但它仍是國內最受歡迎的運動賽事之一。由於舉辦時間固定在 11 月第二個週日，許多跑者前一年就先預訂住宿，見證臺灣米倉稻浪生姿的田園景色與田中最美風景～人情味，體驗「It's My Way. Taiwan Way！田中味！」的品牌魅力。

➡ 圖 4-14　2019 年，藝人任賢齊（右）驚喜現身活動記者會，為田中馬拉松跑者與當年活動代言人方文琳（左）加油打氣。（資料提供：田中馬拉松）

　　品牌個性的價值不只表現在建立與顧客的認同上，而且它本身是也能夠為品牌產品增加價值。品牌個性附加價值在於品牌的表達能力，大量的市場分析和顧客研究顯示，顧客的消費不只是滿足基本的生活需要，越來越多的消費是為了滿足社會性、展示性的需要。

　　心理學上有一個概念叫自我，分為理想自我和真實自我。當顧客想要表達真實自我而又不能直接說出口時，他可以透由自己的消費行為來表達。如他的穿著、他的交通工具、他吃的和喝的東西等來表達其個性。

　　因此，品牌的個性不只能夠與顧客進行溝通，產生共鳴，而且能夠為顧客創造價值，為企業帶來額外的利潤，所以品牌的個性是重要的。

➡ 圖 4-15　田中馬拉松將在地百年八堡圳，規劃成賽道，塑造賽事成經典賽道。（資料提供：田中馬拉松）

➡ 圖 4-16　2022 田中馬拉松海報 slogan 是「It’s my way, Taiwan Way!」。（資料提供：田中馬拉松）

MEMO:

114

CHAPTER

05

品牌忠誠度
──鞏固品牌價值

5-1 緒 論

　　品牌形象最終的價值是在建立顧客的品牌忠誠度，此外，品牌的忠誠度也意味著是一種口碑與保證，易於吸引新顧客上門。

　　顧客的品牌忠誠度越高，就越能夠提供企業反擊競爭者行動的時間，因為顧客會秉持業者能提出更卓越的產品改良方案或行動的信心，同時也更能取得相關合作通路商或零售業者的支持。

　　品牌管理最終的價值是在建立顧客的品牌忠誠度，所謂品牌忠誠度，就是不管是任何的理由或刺激，如缺貨或是競爭品牌的降價促銷，顧客仍會堅持選購該品牌的程度。品牌忠誠度的重要性，乃因其可以節省大筆的行銷費用，由於對品牌產生忠誠的顧客，自然會產生對品牌的熱衷與熱誠，會替企業免費宣傳或大力向親友推薦，因此許多業者越來越重視透過強大的資訊能力進行關係行銷，以建立顧客的品牌忠誠度。

　　人們對於購買他們所熟悉的產品會呈現自在；同時，他們對於向熟識而且信任的人或地點購買商品時會更加自如。行銷簡單來說，就是告訴人們關於產品的一切以及對產品感到自在的工具，有效行銷在顧客走進商店之前就已完成這項任務。透過這種方式，行銷就像是銷售小組先鋒部隊，建立與顧客的對話、推銷產品的好處，並且對品牌提供支撐，如果成功的話，在顧客走進商店的時刻，便已成了忠實顧客。同理可證，網路商城或是 line@ 商店的設計，也是品牌形象的門面之一。

　　品牌已成為企業掌握市場最有效的競爭手段，一種企業行銷的新競爭力。美國市場行銷專家 Larry light 指出擁有市場比擁有工廠更為重要，而擁有市場的唯一辦法就是擁有占有統治地位的品牌。品牌標識代表了同種產品之間的差異性或特徵，然而這種差異性或特徵並不純粹是客觀的，而是在顧客對產品的認知關係中形成的，品牌是顧客對產品的知覺。

　　品牌源於顧客反映的差異，如果沒有差異的發生，那麼具有品牌名稱的產品本質上仍然是一般的類別意義上的產品，而反映中的差別是顧客對品牌理解的結果，但最終品牌是留存在顧客腦袋內的印象。

　　企業之所以要建立品牌，是為了維持一種長期、穩定的交易關係，著眼於顧客在未來的合作；企業不能固守對顧客的承諾，而應該隨著情況的變化靈活地為顧客服務，以此贏得顧客的忠誠；

企業必須把顧客視作合作夥伴，在有條件的情況下，雙方還可以組成利益風險的共同體。因此，品牌又是一種關係契約，這是品牌的核心涵義。

因經濟的成長，使得臺灣的消費基態也隨著改變，顧客已由重視品質、性能與價格理性消費時代，進入重視品牌、設計與形象的感性消費時代，如今已朝向重視充實感、喜悅感與滿意感的感動消費時代邁進。對企業而言，行銷計畫不只是要建立起品牌的知名度，更重要的是要建立起顧客對其品牌的忠誠度。所以，企業想要建立顧客的品牌忠誠度，唯有滿足顧客的需求、滿意度，才能為自家企業建立競爭優勢。

> 企業品牌經營要追求知名度，更要追求顧客忠誠度。忠誠度是指品牌產品在市場競爭中具有傑出表現，高度、廣泛地贏得了顧客的信賴和愛戴，從而持續占據市場，享有相對較大的市場分額。

5-2　品牌忠誠度之意涵

「品牌」是認同形象、企業文化與經營哲學的定位。對企業本身而言，「品牌」(brand) 代表的是一個商品或企業的經營價值，品牌是聯繫產品與顧客的一套獨特承諾，它能夠為顧客提供產品或服務的品質保證；對顧客而言，品牌則代表著對一個商品或企業的消費利益信賴，是認同感與忠誠度的來源。

品牌忠誠度視為一種長時間存在的非隨機行為反應，是對某決策單位在考慮一個或多個品牌後，形成一種心理上的對品牌承諾的歷程，即使當其他品牌有較好的外觀、較高的便利性、或較高價值時，顧客仍忠於所選擇的既定品牌。當顧客對品牌建立品牌忠誠度後，可以有效降低企業的成本，因此建立品牌忠誠度是管理品牌權益的有效方法。成功的品牌，會藉由廣告、設計、包裝、配銷及陳列來創造品牌形象或品牌個性，使顧客產生信心與忠誠度，增加購買機會。

品牌忠誠度 (brand loyalty) 是品牌權益的核心，指顧客持續的購買同一種品牌的產品或服務。而具有高品牌忠誠度的產品，在面對激烈競爭時，其顧客群較不易被移轉，尤其是當該品牌的價格或外觀已改變時，然而，最常用來衡量品牌忠誠度的方法，就是實際調查顧客的購買行為。

在消費行為的研究中，顧客的「品牌忠誠」一直是個被常常討論的研究問題。品牌順利在市場站穩腳步之後，如何讓品牌具有延續性，才是企業更大的挑戰，因為品牌經驗會隨時間淡去，所

以要想不讓顧客對品牌變心，除了必須讓顧客再三地經驗企業所提出的品牌價值，也要從顧客的情感層面，去創造出無法取代的產品魅力。

顧客理論為基礎，研究者於「品牌忠誠」的想法大致上可分為兩派：其一是「機遇」(stochastic theory) 的想法，其假設顧客在進行品牌的選擇時是處於一個「隨機」的過程。擁護此想法的學者認為購買行為不受過去的消費經驗所左右，顧客每次消費時皆處於一個全新的情境之下。因此以種想法為前提下，便可提供簡單且有效的衡量方式以及預測法則。

但是顧客購買的決策過程卻是複雜的，可能受到一些內在因素與外在因素的影響而改變。有鑑於此，另一派「決定論」的學者則認為「品牌忠誠」的行為是受到許多因素影響的結果；這種品牌忠誠的行為隱含著顧客的習慣。

以成立於 1998 年的「老行家」為例，秉持中國禪意養生文化，發揚東方飲食保健之道，創造橫跨臺灣、馬來西亞、新加坡和日本的品牌版圖。「老行家」品牌理念是「誠信，專業，熱情」。透過嚴選優質原料，製造真實良品，協助消費者建立良好的健康訴求，同時善盡企業責任，持續與公益機構展開善的循環互動。

➡ 圖 5-1 「老行家」品牌是由創辦人李成壽先生以「行家精益求精」的發想應運而生。除了深受大眾喜愛的燕窩系列外，美顏、保健養生商品皆選用天然純淨的食材調配。（資料提供：老行家）

➡️ 圖 5-2a　所長茶葉蛋選用 7 到 10 個月大,優質產蛋雞所生的 M 級鮮蛋,用一顆蛋的道道工序,放入職人的製作感情。(資料提供:所長茶葉蛋)

➡️ 圖 5-2b　所長茶葉蛋有直營門市,也進入各式通路販售,有「史上最龜毛的茶葉蛋」的自我要求。(資料提供:所長茶葉蛋)

對於「品牌忠誠」的認定，大都傾向於認為「品牌忠誠」是種行為上的表現。故就行為上而言，「品牌忠誠」含有三種意義：

1. 品牌忠誠是在品牌購買行為中的一種偏見選擇行為 (biased choice behavior)，這種行為的表現就代表著於不同的品牌有著不公平的購買行為。

2. 品牌忠誠是種重複購買行為 (repeat buying pattem)，代表著在不同的時間對於特定品牌的購買。

3. 品牌忠誠代表著消費行為上的購買比率 (probability of purchase)，特定品牌在購中所占的比越高，便表示顧客對於該品牌越忠誠。

顧客忠誠度是從顧客的觀點視之的品牌忠誠度，與品牌忠誠是個相對的概念，若從品牌的觀點視之，顧客忠誠度即是品牌忠誠度。

（一）顧客忠誠度之內涵

有關商業活動忠誠度之本質，目前主要有兩種主流觀點：

1. 以行為的觀點來定義忠誠度：通常是強調購買的次數，並藉由監測這類購買與品牌轉換的情形來衡量此一變數。
2. 以態度的觀點來定義忠誠度：它融入了顧客偏好與對某一品牌的傾向，作為決定忠誠度程度之標準。

不論是何種來源的忠誠度，一般都會假設它代表著在某特定期間向相同的供應商重複的採購。從行為面的定義來看，其可能產生的問題是顧客之所以會重複的惠顧，除了忠誠度外，尚有許多其他的理由，包括其他可資選擇的機會很少、習慣性、低所得、及便利性⋯⋯等等。

上述忠誠度的意義僅是關係長度 (relationship longevity)，而非關係強度 (relation ship strength)。有關忠誠度之更完整的定義為：歷經一段長期的時間，某一決策單位皆自一群「供應商」中選定其中一家「供應商」之偏差的（即非隨機性）行為反應（即重複惠顧），

這是一種基於對品牌的承諾所產生出來的心理層面之決策制定與評估程序的功能。由此可知，僅是重複惠顧並不足以定義忠誠度，若要能更具可信度，則忠誠度必須被定義為「有偏差的重複購買行為」或者「基於喜愛的態度而做重複的惠顧」。

（二）顧客忠誠度行為的類型

描述忠誠度類型與非忠誠的顧客行為有許多方式以三種方式來討論顧客的再度惠顧之行為：

1. 轉換的行為 (swicthing behavious)：意指購買僅是一種「A 或 B」兩者選一的決策；亦即顧客留下來（忠誠）或投向競爭者懷抱（轉換）。

2. 偶然的行為 (promiscuous behavious)：意指顧客從事「一連串的購買」決策，但仍落在「A 或 B」的決策範疇內；亦即顧客總是留下來（忠誠）或者突然轉變至其他各種方案之選擇（偶然的）。

3. 一夫多妻的行為 (polygamous behavious)：同樣的，顧客從事一連串的購買，但他們對其中數項商品皆有忠誠的行為，意謂著顧客對你的品牌比起其他的品牌存在或多少的忠誠。

根據顧客研究所顯示出來的跡象，似乎傾向於支持偶然的與一夫多妻制的型態較為普遍，多數的顧客皆為多種品牌的購買者，且其中僅有十分之一的購買者是百分之百的忠誠，這可能由於顧客擁有全面性的需求，因此光從某一公司的產品與服務是無法有效的滿足其需求。尊奉此一觀點的人認為顧客會主動的與其偏愛的品牌（產品製造商、服務供應商、品牌擁護者或零售商）發展關係，而後者會進一步的提供購買者更大的心理保障，並創造出歸屬感。

➡️ 圖 5-3 競爭激烈的飲料市場，商品不斷推陳出新，創造話題，引發討論熱度是操作重點，從命名開始，將檸檬冬瓜露 +Red Bull 的意外結合做為賣點，讓消費者忍不住想知道「Red Bull 飛天瓜牛」究竟是什麼滋味。（資料提供：CoCo 都可）

Dick and Basu 以圖形方式來說明第一種例外；他們以「相對的態度」（強或弱）與「重複惠顧」（高或低）等兩個概念，來將一個組織劃分成四個類別，如圖 5-4 所示。

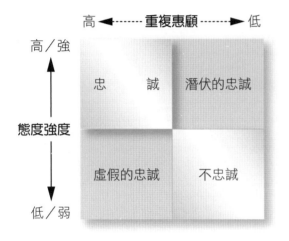

圖 5-4　相對的態度－行為之關係

具有強勢的相對態度 (relative attitude) 與經常惠顧供應商的顧客，基本上可歸類為忠誠顧客的類型；然而，對於那些相對弱勢態度（呈現顯的不滿意態度）的顧客，由於沒有別的供應商可供選擇，只好繼續此段關係，此時即使經常向該供應商惠顧，但亦僅能歸屬

於「虛假忠誠」(spuriously loyal) 的顧客。「潛伏」(latent) 忠誠顧客的類型，他們具有正向的態度，但可能基於非潛在的滿意度之理由（如地點的因素），而無法經常的惠顧該供應商。顧客滿意度之所以一直被用作忠誠度衡量之替代指標，因為我們一直假定滿意度對購買傾向的影響是正向的。

顧客忠誠度的衡量，大部分的學者均將焦點集中於重複購買率上，顧客忠誠應綜合態度面及行為面來考量。顧客忠誠的驅動因子分別為顧客對公司正面的口碑行銷與高的轉換成本，而會形成正向口碑主要是因為顧客對公司的產品或服務等因素滿意所造成。高的轉換成本會使顧客較不容易轉向其他競爭對手，使顧客和公司交易的期間加長，進而增加公司的獲利；對顧客忠誠所下的定義為顧客忠誠實際上是一組織經由顧客所創造的利益，以至於他們將維持或增加他們從組織的購買；真實的顧客忠誠是由顧客在沒有誘因的情況下變成組織的志願宣傳者。

5-3　品牌忠誠度的重要性

產品是企業與顧客間的重要溝通管道，也是企業獲利之重要工具。品牌是用來識別商品的工具，企業為了與競爭者作區別，因此致力於品牌的經營，近年來從企業、行銷、服務品質、滿意度等方面進行的研究中，多強調建立和維持顧客忠誠度的重要性，忠誠的顧客是企業最大資產也是重要的獲利來源。

顧客的品牌忠誠度使得企業能降低行銷成本，隱涵著企業與通路間的關係增強，且降低了競爭者的攻擊力道，所以注重品牌忠誠度是管理品牌權益的有效方式。由於顧客的忠誠度極易發生動搖，加上失去顧客的代價遠大於獲得顧客的代價，因此企業如何與顧客建立與維持良好的關係，獲得顧客的信任、承諾、最終獲得顧客的品牌忠誠，則成為企業刻不容緩的重要議題。

最強烈的品牌忠誠度可由顧客採購或消費時，願意投資時間精力、金錢與其他資源於該品牌加以確知，而行為忠誠度的特質是顧客對該品牌重複購買與對該品牌類別產品數量之分擔，顧客購買之次數與數量決定最基本的利潤，品牌必須引發足夠之購買頻率與數量。

品牌的忠誠度也是對品牌心理上的承諾，它是一種偏愛、行為上的反應、隨時間而表達、也是一種心理過程的功能（決策、評估），當既有顧客對品牌感到滿意或喜愛時，企業花費在保留現在顧客的支出將相對較開發新客戶的支出還少。

因此品牌忠誠度所創造的價值主要在降低企業行銷成本，成為生產利潤的來源。以顧客為基礎的品牌忠誠度可防禦競爭者行銷活動的攻擊，競爭廠商將行銷資源花在吸引他牌的忠誠顧客身上，所得到的效果總是不彰，畢竟具忠誠度的顧客往往會建立口碑而影響他人的購買行為。

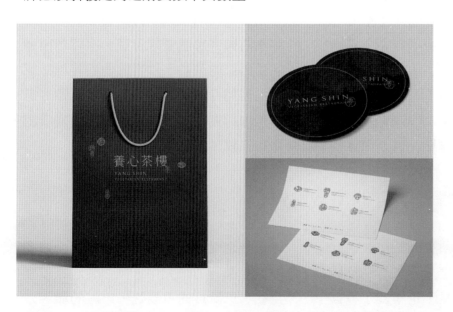

➡ 圖 5-5　養心茶樓以紅色、白色、金色配合字體，強調東方經典底蘊。（資料提供：養心茶樓）

顧客忠誠度是顧客對某特定產品或服務的未來再購買意願，顧客忠誠度是指受到環境影響或行銷手法可能引發潛在的轉換行為，但顧客對其喜好的商品或服務的未來購買和再惠顧的承諾不會改變。

有些行銷人員誤以為忠誠度是一種態度，殊不知忠誠度是一種重複購買相同產品的行為。在過去的數十年中，許多歷史最悠久與最強勢的品牌，其顧客群都已橫跨二、三代之久，這些顧客以同樣的方式來購買並使用該產品。當企業延伸產品線時，構成品牌忠誠度 (brand loyalty) 基礎的模式與習慣，會有遭受破壞的風險；而且顧客的整個購買決策，也有動搖的風險。

企業要成功的建立一個具忠誠度的品牌，首先，企業必須確認本身的經營理念，並參考產業動態、競爭者品牌定位、顧客需求以及時代趨勢的變化，確實勾勒出品牌的願景，展現出一流企業的大氣魄。再來就是要決定品牌的形象，所謂「品牌形象」，就是指以品牌為中心的許多概念的有意義連結，也就是品牌在顧客心中的樣貌。

具忠誠度的品牌的進一步延伸，就是品牌知名度、品牌聯想與品牌忠誠度。「品牌知名度」是指一個潛在的購買者認識或回憶起某一品牌屬於特定產品類別的能力。

例如：當聽到新光三越 (SKM)，就聯想到頂級日系百貨公司。而從品質訊息理論 (quality signaling theory) 的觀點，品牌知名度也意味著產品品質的承諾象徵，就像多數顧客都會指名要貼有「Intel Inside」字樣標籤的電腦。

而「品牌聯想」則是指人們記憶中連結到某一個品牌的所有事物，例如看到「7-Eleven」或「全家 Family」，就會聯想到便利與親切、看到「好市多」就想到物超所值與「只要您不滿意就可全額退款」的顧客承諾。

➡ 圖 5-6　雄獅文具以逗趣無厘頭的表現方式，傳達雄獅白板筆的特色，以及雄獅文具品牌在臺灣文具市場高居第一的地位。（資料提供：雄獅文具）

接著是對品牌定位的強化。在這個階段中，企業必須強調自己與競爭者之間的差異、以及本身能夠為顧客創造的利益，建立吻合市場趨勢的品牌定位；且必須持續與顧客溝通品牌的定位、並傳達一致的品牌訊息，才有辦法建立顧客對品牌的信任、偏好與忠誠度，在這個階段中，聰明企業能夠去主張對顧客有意義、且和競爭者有明確區隔的品牌價值。

最後是衡量品牌是否達成績效，這階段的任務雖然執行不易，但是卻相當重要。過去，品牌總被視為是無形的資產，不過品牌的價值如今卻已經能夠被具體地加以量化。臺灣經濟部工業局主辦「2021年臺灣最佳品牌榜單」將調查評選的重點放在品牌的國際性，展現出對經營全球品牌的強大企圖心。因為，品牌價值不僅是個別企業競爭力的表徵，在全球化競爭的時代中，世界級品牌更是代表國家競爭力的指標。

2021前十大臺灣最佳國際品牌價值

2021名次	2020名次	公司名稱	品牌價值（億美元）
1	2	華碩電腦	18.71 (23%)
2	1	趨勢科技	18.43 (13%)
3	3	旺旺集團	10.96 (9%)
4	5	巨大集團	6.70 (19%)
5	4	研華科技	6.31 (1%)
6	9	聯發科技	5.94 (42%)
7	7	國泰金控	5.63 (10%)
8	8	宏碁公司	5.36 (27%)
9	6	中信金控	5.22 (-5%)
10	10	美利達工業	4.48 (12%)

資料來源：經濟部工業局　　　　　　　　　製表：馮建棨

➡ 圖 5-7　2021 年臺灣最佳品牌榜單，入選企業都展現出對於經營權全球品牌旺盛企圖心。（資料來源：臺灣經濟部工業局官網）

5-4　品牌忠誠度的影響因素

品牌成功將能夠創造可觀的價值，但是品牌經營卻不是一件簡單的事，不僅要有正確的願景與策略、快速反應變動的，更要有投入大量資源的決心，以及長期抗戰的持續力，建立品牌只是一個開始，還要持續養它、教育和培植它。再次強調經營品牌的最終目的，就是要顧客產生一種「非理性」的「感情」認同。

企業必須持續地對顧客溝通企業的品牌價值。溝通不止限於廣告，而是要能在最佳的時間與地點，以最讓顧客印象深刻的行為和態度去強化品牌，而且要進到他們的生活之中，進而成為他們個人形象的象徵。要持續維繫品牌價值，企業更不能沒有堅強內部共識與品牌文化做為後盾，只有先讓員工認同了企業的品牌精神，才能夠去說服顧客，對企業而言，由於市場區隔趨向多樣化，如何使顧客重複購買進而建立品牌忠誠度，是一件相當重要的事。

一般情況下，顧客的觀點是追求效用最大，而在企業的觀點則是利潤最大，但效用是無法用客觀的方法衡量，而影響企業利潤因素很多，顧客滿意度是以顧客實際使用後的觀點評估企業產品之價值感，而顧客品牌忠誠度則是企業重要利潤來源之一。

企業經營的成功必須依賴反覆購買的顧客，因此，為保持長期性的市場占有率及穩定性，現代的企業必須努力不斷重視顧客真正的需求，以設計或改進其產品，使之產品更能為顧客所喜愛，並把偶而的購買者變成重複購買者，同時努力增加其銷售量，進而促進其他品牌顧客轉換購買此種品牌，加以強化品牌永久的生存。

雖然產品線延伸有助於讓某單一品牌滿足顧客的不同需求，但這種作法也可能促使顧客產生求新求變的心理，並因此間接鼓勵了轉換品牌的行為。就短期而言，產品線延伸可能會增加整個品牌體系的市場占有率；但假如由於品牌自相殘殺與行銷支援的移轉，而造成指標型產品之市場占有率下降的話，該品牌體系的長期健康度便會受到影響。這個情況特別是發生在，當產品線延伸不但未能吸引新顧客，反而淡化了老顧客眼中的品牌形象。

建立品牌忠誠度的一般模式，其中影響顧客品牌忠誠度的因素有產品特性變數、環境變數、社會經濟及人口統計變數、採購行為變數、行銷策略變數以及市場結構變數等。

影響顧客品牌忠誠度的因素主要可以分為：

1. 顧客特性

在顧客導向的行銷趨勢之下，顧客特性與品牌忠誠度之間的關係一直都是行銷學者熱衷研究的主題。依據國外學者的研究，「美國廣告研究基金會」調查衛生紙的購買行為時發現，消費者個性、社會經濟變數均與品牌忠誠度無關；學者 Guest 的研究發現，年齡越大品牌忠誠度越高；Farly 發現高所得與品牌忠誠度的高低有強烈的相關，人格特質、參考團體及生活型態等對品牌忠誠度的影響無關。

2. 採購型態特性

採購型態特性與品牌忠誠度的關係，常逛街購物的人，所光顧的商店數目比較多，其品牌忠誠度亦低。上次購買的品牌會影響顧客的品牌忠誠度，當顧客對上次購買品牌感到滿意時，則下次再購買該品牌的可能性會較高。商店忠誠度與品牌忠誠度高有關，其中的一部分原因是商店忠誠度限制了顧客所能選購的品牌數，購買量和購買時間間距與品牌忠誠度的關係不定。

3. 產品特性

產品特性包括產品的知覺風險及產品專業信心和屬性評估等，顧客對產品的知覺風險（當顧客不能預測其購買決策結果時的不確定性）越高，品牌忠誠度亦較高；產品屬性評估與品牌忠誠度的關係不定，產品專業信心和產品屬性評估與品牌忠誠度有關。

4. 市場結構特性

所謂市場結構特性，包括可供顧客選擇的品牌數目、價格的變動、推廣活動等。顧客可選擇的品牌數目越多，品牌忠誠度會相對的降低。當產品價格經常變動時，顧客的品牌忠誠度亦較低。當某些品牌產品的配銷網分布很廣，且市場占有率亦集中於領導品牌時，顧客的忠誠度較高。真實的品牌忠誠者較不易受價格變動及促銷活動所影響，而降低其忠誠度。

品牌忠誠度與市場上的價格變化及推廣活動沒有很大的關連，但低思考性選購產品（民生必需品）價格的變動會影響品牌忠誠度。

5-5 品牌忠誠度與品牌個性

品牌忠誠度有時候單靠定位的力量仍然辦不到時，品牌個性有可能成為品牌吸引力最強的感性磁場，牢牢地吸住潛在購買者的興趣所在，並且讓游離的使用者再度惠顧。

一個品牌的個性是該品牌經驗裡充滿感性的那一面，環繞品牌經驗一切的活動和情感。

以產品（服務）為導向的品牌個性通常出現不屬於鋒芒畢露型的品牌類型。諸如信義房屋、富邦產險、OWNDAYS眼鏡、MUJI無印良品等，均圍繞在產品和功能來建立其品牌個性。其中有些以增加內涵和利用好記的特性來提高品牌個性的魅力。這類訴求較具實用主義的本質，認為一個品牌個性本來就該著重在商品本身才對。

提出一個品牌個性的主張時，每一位品牌專家都應該參與評估和貢獻的工作。建立策略性品牌個性的建議時，以下幾點事項可供參考：

1. 從每一位單一顧客的眼光來評量每個提議

強而有力的個性，無論是發生在個人或品牌身上時，與個人發生直接接觸時的力量最為強大，這些品牌的個性和個別使用者之間都是有著密不可分的關係，同時品牌的部分成功元素也是建立在消費者對品牌的期待與想像上。

2. 把品牌個性想像成從定位裡自然流露的特質

定位是品牌個性的基礎，而品牌個性是定位的表現。兩者形成一種綜合性的凝聚力，此時品牌識別的策略核心和品牌個性的面貌交織成一體。定位和品牌個性之間的關係越緊密，吸引顧客的磁力就越強大。

3. 將品牌個性集中在核心情感上面

品牌個性和人類情感密不可分，以臺灣人重視睡眠，與老齡化社會的到來現象得知，傢飾品牌以各種訴求與消費者溝通。例如位在奧地利康斯坦茨湖邊Hörbranz小鎮上，有著傳承至第五代的奧地利百年品牌─繆思伯格MOOSBURGER，是全球唯一的一間從原料收集、繁複清洗處理過程，到最末端成品製成的馬毛工坊，品牌發揮百年累積的技術，展現馬毛的優點。繆思伯格MOOSBURGER全產品的填料使用來自波蘭、蒙古、阿根廷、羅馬尼亞等地

自由放養的馬毛，嬰幼兒的枕頭及床墊更精選柔軟的馬鬃毛，從零到一百歲都能享受馬毛溫度調節、排除濕氣的純天然優點，特別是受到濕疹、異位性皮膚炎困擾的使用者，以及長期臥床、久坐輪椅者，都可以感受到馬毛帶來的乾爽舒適。品牌以「愛」為核心，創造消費者的情感需求。

➡️ 圖 5-8　繆思伯格 MOOSBURGER 馬毛枕頭強調「天然且持久的透氣舒適」。（資料提供：繆思伯格）

4. 要把討人喜歡的特質列為優先事項

個性和人類的情感是分不開的。要把討人喜歡的特質列為優先事項：討人喜歡是品牌和顧客之間溝通橋樑的橋墩，是任何一個品牌最能誘惑人心的特質。

5. 替品牌個性加入信賴的元素

信賴度對於品牌是加分，並且可以強化溝通訊息。在德國，詩蘭慕 SCHRAMM 代表的就是品牌及尊榮，曾多次入選德國 50 大奢華品牌 (TOP 50 Luxury Business Day，LBD)。　詩蘭慕與萬寶龍、朗格錶、徠卡相機、保時捷及金耳扣泰迪熊等知名品牌並列其中；也入選德國經濟周刊（Wirtschafts Woche）德國 30 家奢華品牌排行榜。

詩蘭慕 SCHRAMM 創立於 1923 年，原先是家具與馬具的工作坊，1960 年代中期，開始製作頂級床墊，並研發了多款獨創的睡眠產品和完善的獨立筒床墊系統，如今已傳承三代，詩蘭慕依然持

續堅持「德國手工製作」，每一個床墊需要工藝師傅 100 小時的手工製成。詩蘭慕 SCHRAMM 已經建立起信賴的元素，並向未來的買主顯示品牌的價值與細緻的工藝。

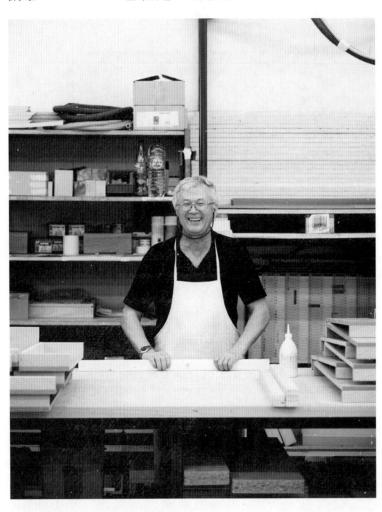

➡ 圖 5-9　百年品牌詩蘭慕 SCHRAMM 是全球唯一真正的手工製作袋裝彈簧的床墊品牌，創造尊貴的品牌形象。（資料提供：詩蘭慕）

6. 投資在自己品牌的身上

　　品牌是需要呵護培育，投注時間、心血、精力、和金錢。正和研究品牌價值的權威 David Aaker 所說的：「想要有高效率行銷的一個方法，就是第一次就把事情做好，正確的識別是首要的工作。如果你有一個有效的識別，你就可以算是一位非常有效率的行銷人員。」創意與才智是開創強力品牌的利器，但長期的成功就要靠銷售，此時唯一能讓顧客知道你有一個吸引人的品牌個性的方法就是，你所推動的品牌個性確實具有吸引人的特質。

7.讓「品牌個性專家」和「品牌定位專家」密切合作

在行銷的領域裡，沒有比創造有效的品牌個性來得更困難，而讓品牌個性從手中溜走更為容易的事了。

建立品牌時，要清楚地交待至少一位品牌專家，來專門負責策略性品牌個性創造和推動的工作，讓品牌個性專家和品牌定位專家共同合作，並徹底了解各自角色的重要性，若是遇到任何與它

們工作相關的事情上，無論好壞，都要全權負責，這一道保安警報系統，可以保護策略和品牌個性不受侵襲，並且隨時都處在最佳的狀態。

35 年來臺灣茶具第一品牌陶作坊以「民藝」之名，邀請器物藝評家、資深茶人李啟彰為其設計一套具備民藝特質的茶具組「轉折壺組」。李啟彰為陶作坊操刀的「轉折壺組」，概念是設計一個手工製作，又兼具實用優雅的造型。

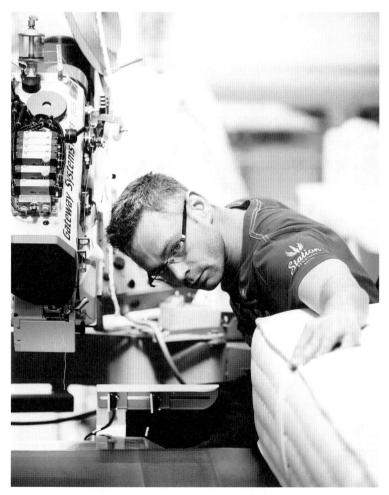

➡ 圖 5-10　百年品牌詩蘭慕 SCHRAMM 持續堅持「德國手工製作」。每一個床墊需要工藝師傅 100 小時的手工製成，而且是為消費者量身訂做。（資料提供：詩蘭慕）

從古器型出發，揉合當代時尚元素的壺形。轉折壺在肩線上有跨度極大的轉角，最終以圓弧收斂至兩端。傳遞陶作坊「以器引茶，合器生好茶」的品牌定位。

找尋一個最佳的品牌個性對品牌經營小組而言，是一件相當艱鉅的工程，因為它十分地抽象，不易掌握。擬訂品牌個性目標時，需要每一位成員全力參與討論，除了審慎地評估資料外，還要願意把決定權交給直覺性的思考來帶領。

當企業建立起獨特的品牌個性。且經顧客認同時，便能於顧客心目中建立起優越的定位，進而建立起顧客的品牌忠誠度。

➡ 圖 5-11　陶作坊以「民藝」之名，邀請器物藝評家、資深茶人李啟彰為其設計一套茶具組「轉折壺組」。（資料提供：李啟彰）

品牌聯想
——想像品牌價值

6-1　緒　論

所謂品牌聯想亦稱為品牌形象，是指在人們記憶中連結到某一個品牌的所有事物，以「Apple」的創新世界為例，它在消費者心中代表快速、安全、潮流；「Zara」代表平價快時尚；「Ralph Lauren」代表一種穿著的生活態度。

如同看到弘道基金會 logo，就會聯想到不老夢想與 2012 年「不老騎士—歐兜賣環台日記」紀錄片。不老騎士是一部由弘道基金會籌辦的活動，片中記錄著 17 位長者 13 天騎摩托車環島的行程。紀錄片中做經典的金句是「有一天當你 80 歲，還有多少做夢的勇氣」。「不老騎士」也已經成為弘道基金會的品牌聯想。

不論何種產業，品牌形象已成為全球化新經濟時代顧客採購最重要依據。臺灣 IT 產業技術能力號稱世界級水準，產品品質有口皆碑，過去主要以 OEM 代工業務營運策略，甚少以自有品牌跨出國際積極行銷，在經濟全球化的浪潮下，臺灣廠商也意識到建立品牌形象對自身產品跨出臺灣市場轉向國際的重要性。

如外貿協會舉辦 30 屆「臺灣精品獎」（2022 年），獲獎廠商是優質 MIT 產品的代表，外貿協會的「臺灣精品館」也全球繞行拓展海外商機。積極朝向國際化品牌發展。

一般而言，品牌形象就是指企業在市場的地位、穩定性、創新能力、知名度及悠久性等構成企業品牌價值之綜合指標結果，對一個企業而言，品牌形象是最大的無形資產。每個企業建立及維持品牌形象的策略不同。以弘道老人福利基金會為例，1995 年成立迄今 27 年（2022 年），總會位於臺中，從宜蘭到屏東共有 7 個服務處、32 個志工站、26 個協力站，透過 590 多位工作夥伴及 2800 多位志工，常年關懷服務一萬多名長輩，提供獨居、弱勢、失能長輩們關懷訪視、居家服務、送物資、陪伴就醫、居家修繕、健康促進等等服務。

因應臺灣高齡人口預估將於 2025 年達到 20%，意即邁入平均每 5 人之中，就有一名 65 歲以上長者的超高齡社會，弘道老人福利基金會藉由「健康老化」、「優質照顧」、「自我實現」、「經濟安全」、「友善環境」、「人才培育」等六大服務面向，希望讓每位長者都能有自主、尊嚴、安心與精彩的老後生活，並同時發揮影響力，透過攜手各界共創高齡友善社會，成為「一起道老，精彩美好」的好朋友，致力讓臺灣成為人人樂於談老、伴老的友善高齡國家！

企業要成功的建立一個品牌形象，必須透過內、外部資訊的蒐集，包括高階主管的意見及判斷，以及市場反應與競爭者動態，尋找出品牌在該公司策略及財務目標的達成上所扮演的角色，也就是說要確實勾勒出品牌對企業生存目標貢獻的願景。

➡ 圖 6-1　2012 年不老騎士紀錄片海報上寫著：「有一天當你 80 歲，還有多少做夢的勇氣？」（資料提供：弘道老人福利基金會）

➡ 圖 6-2　弘道老人福利基金會 2021 年籌辦「銀響力新聞獎」，鼓勵國內優秀新聞人才對臺灣高齡社會之老年相關政策、社會、醫療、照護⋯等多元議題投入關心與報導。（資料提供：弘道老人福利基金會）

➡ 圖 6-3　弘道基金會的願景是每位長者都能有自主與尊嚴，享有安心、精彩的老後生活。
（資料提供：弘道老人福利基金會）

　　了解品牌與企業策略及目標間的配合性，再來就是要決定品牌的形象。所謂品牌的形象，就是指以品牌為中心的許多概念的有意義連結，換言之，就是品牌在顧客心中的樣貌，品牌給人的第一直接的印象，通常是品牌的顏色、符號的設計風格等有形的象徵，但只要在設計品牌初期時，注意簡單、容易學習與記憶、獨特性、發音與產品品類一致（如旅「電」、「檜」山坊、「呷」七碗）、能反映出產品的利益、屬性、定位等原則即可，基本上對企業而言更重要的是品牌在顧客心中的評價與價值。所以品牌形象進一步延伸的重要概念是品牌知名度、品牌聯想、品牌人格，乃至品牌忠誠度。

　　顧客的購買行為除了受到促銷工具及廣告活動的影響之外，也會受到產品本身因素影響，其中又以顧客對產品的品牌聯想形象為最重要。企業形象與品牌形象實為一體兩面，早期的市場可能比較不注重企業形象，例如家用五金、食品……等，有些成功的商品背後不一定有響亮的企業支撐。但現在的顧客有品牌意識，也懂得要去了解生產該品牌的企業是否為知名廠商，因此有良好形象的企業通常也能為市場競爭投注一股力量，而剛起步的企業及品牌則需花比較多的氣力來搶食市場大餅，而企業與品牌的形象究竟孰輕孰重，實在難有定論，但可以確定的是，一個形象良好、有根基的企業，絕對有比較完整的行銷計畫與力量來進行市場之戰，而一個具有良好形象的品牌，也絕對可以在市場上為企業贏得漂亮業績。因此有計畫地策劃及推動企業形象與品牌形象，是贏得市場利益的雙贏策略。

➡ 圖 6-4　華科慈善基金會參考世界衛生組織建議，攜手歌手許書豪，大力推動「聽力 66 原則」，建議控制耳機音量 <60%、聆聽時間 <60 分鐘，適時適量才能安心享受影音快感。（資料提供：華科慈善基金會）

品牌的發展可以從縱向發展及橫向發展這兩個縱橫軸來談，重視品牌價值的企業會透過良好的品牌形象與企業形象之建立，及服務品質之提高，強化市場行銷功能，建立與顧客良好、長期的互動關係。

品牌的形象能衍伸出許多重要的價值，但品牌績效的決定，會因為產業及企業背景與經營目的之不同而異，但對品牌形象的建立與維持，品牌績效的有效衡量是相當重要的。我們身處在網路訊息傳遞快速的環境裡，不斷地強迫我們把接收到的資訊做組織整理，否則就會淹沒資訊的海洋裡，因此，快速建立顧客對品牌有良好正面的印象是所有品牌經營人員重大課題，品牌聯想（品牌形象）已成為顧客研究的重要概念，清晰的品牌聯想（品牌形象）可使顧客易於辨認產品與競爭者的差異區別，由此確認品牌所能滿足的需求，進而讓顧客認同、形成忠誠。

> 品牌聯想又稱品牌形象，指在顧客的記憶中，所有和品牌相關的記憶，品牌聯想包括了使用者形象、名人代言、品牌名稱、符號或商標、價格、廣告等。品牌聯想可以幫助顧客處理資訊、協助品牌定位與產品差異化，同時也提供品牌延伸的基礎。品牌聯想 (brand association) 是指品牌與顧客記憶中任何一種事物的連結，包括了產品屬性、無形屬性、顧客利益、使用方式、產品等級、相對價格、出口國（製造地點）與競爭者等。品牌聯想可謂是最能被接受的品牌權益，它能幫助顧客處理資訊並協助品牌定位，同時也是品牌延伸基礎。

哪裡有馬可貝里，那裡就是義大利

➡ 圖 6-5　面對低關心度的磁磚品牌市場，如何拉近消費者的距離，以及如何建立品牌區隔，創造品牌價值的挑戰。透過貼近生活計畫，將冰冷無感的磁磚轉變成溫暖有感，讓消費者在生活中隨時體驗到馬可貝里帶來的義式生活美學。（資料提供：馬可貝里磁磚）

每一個品牌都代表者一個產品或服務，但是當一個產品被包裝成品牌後，它還被賦予更多無形的資產，而形成獨一無二的品牌。所以品牌不僅僅是產品，還包括了品牌管理者所創造的品牌識別、品牌背後的企業聯想、使用者形象及顧客的親身體驗。

品牌形象的重要性在於它的獨特與魅力，它有一股可以擄獲顧客心靈的力量。成功形象的品牌，可以取代產品本身的功能或是產品的附加特質（如價格）。品牌形象是所有行銷策略的基礎，它是公司最核心的價值，不但帶給企業成長、顧客心理上的回饋，也可嘉惠所有供應鏈上的伙伴、公司股東等所有的利益關係人。

一個很容易忽略的觀點：品牌形象的影響不只在產品本身，還擴及所有利益關係人。品牌形象佳，可以嘉惠供應鏈伙伴，形象不高的經銷商可藉由和形象高的品牌連結以提升自我形象；而本身品牌形象不佳，卻不能因為和形象佳的供應鏈伙伴連結就近朱者赤，也是個很有趣的現象。

品牌形象需要多方面經營。以青樺視覺為例，企業強調「服務」：待客如友，希望顧客即使只是一次的交流，也可以是一生的朋友；強調「服務」：透過定期會議及教育訓練，培養青樺人對時尚流行的敏銳度，與世界花藝大師合作的禮服秀、以奧運為主題的禮服攝影集，不設限的跨界合作；強調「人文」：對內注重員工的人文思考涵養，對外成為文化的推手。曾協助總統府「人權婚禮」企劃拍攝、國家圖書館與奧運國手共同推動「閱讀大使」海報攝影……等活動，為社會盡力，也推展青樺注重的人文價值，延續品牌 40 年來一貫的精神。

➡ 圖 6-6　青樺視覺為影視、企業、體育、公益等產業留下璀璨紀錄。40 年來，品牌透過實踐積極回饋社會，2017 年起，於多所大專院校與偏鄉小學開辦攝影課程，傳承四十年人文攝影經驗。
（資料提供：青樺視覺）

6-2　品牌聯想（品牌形象）之意涵

　　品牌聯想 (brand associations) 或稱作品牌形象 (brand image)，或許是品牌權益中最可被接受的概念，品牌名稱的價值通常是基於與品牌名稱連結的特殊聯想，而產生品牌聯想的事物包括產品屬性、顧客利益、使用方式、使用者、生活型態、產品類別、競爭者和國家。

　　品牌聯想可協助顧客處理或回憶資訊，可成為產品差異化及產品延伸的基礎，並提供顧客一個購買的理由及引發正面的感覺。假如一個品牌能賦予良好的產品屬性定位，競爭者將很難發揮攻擊力量，因此對競爭者而言，品牌聯想會成為一個競爭者難以跨越的障礙。

一般而言，品牌形象也指在顧客記憶中，任何與品牌有關聯的事物，包括產品特色、顧客利益、使用方式、使用者、生活型態、產品類別、競爭者和國家等，可謂是最能被接受的品牌權益，他能幫助顧客處裡資訊並協助品牌定位，同時也是品牌延伸的基礎。

所謂「品牌聯想」指的是在記憶 (memory) 中，所有由某一品牌所引發的許多相連的概念。事實上，所謂的記憶就是一組被連結成網路的知識，此一關係可以表達如圖 6-7 所示，每一個節點 (node)，即為一個被聯想出來的概念（此概念可以是任何事物），而其兩個節點間的直線即為鏈結 (link) 即為一個聯想動作，鏈結的存在與否，決定一個概念是否能被聯想起來，因此能被聯想起來的概念，即是一個相關的概念 (relevant concept)，而如果一個人能對某一個品牌想出許多的相關概念，則此即可稱為品牌聯想。

品牌概念乃是企業基於要滿足顧客的需求，而賦予品牌的價值，其並會影響顧客對於品牌聯想形象與品牌定位的知覺。

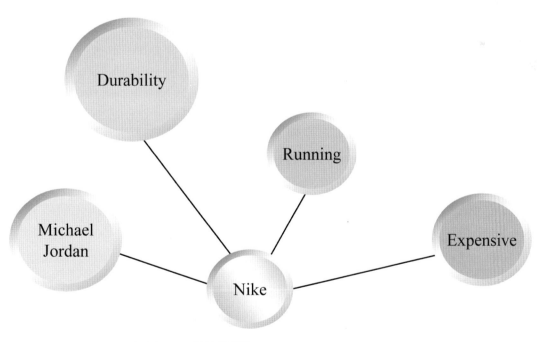

➡ 圖 6-7　品牌聯想圖。（資料來源：Krishnan, 1996）

對於品牌聯想形象有以下的重要概念：

1. Aaker：將品牌聯想形象定義為一種顧客對於品牌聯想的組合，而其中包念了三個組成要素，分別為：產品屬性、消費者利益、品牌的人格特質。

2. Biel：認為品牌聯想形象是由三種附屬的聯想形象所構成，為別為：提供者的形象、使用者的形象以及產品本身的形象。而經由顧客所描述的一連串由品牌名稱所產生的軟性及硬性聯想，是其最好的定義。

因此，對於品牌聯想（品牌形象）之描述，可歸納出品牌形象為－「顧客經由聯想對於品牌的個性、訴求、特色等所有印象的總和。」

6-3　品牌聯想（品牌形象）之特性

品牌形象就是企業形象。跟著時代趨勢的發展，洞燭先機，發展成連貫式的服務，許多企業在經年累積之下，展現品牌成果。

根據國家發展委員會「中華民國人口推估（2020 至 2070 年）」指出，臺灣已於 1993 年成為高齡化社會，2018年轉為高齡社會，推估將於 2025 年邁入超高齡社會。老年人口年齡結構快速高齡化，2021 年超高齡（85 歲以上）人口占老年人口 10.5%，2070 年增長至27.4%。而國際上將 65 歲以上人口占總人口比率達到 7%、14% 及 20%，分別稱為高齡化社會、高齡社會及超高齡社會。

老齡化社會伴隨的問題，讓許多產業受到重視，特別是健康相關。以「舞動陽光有限公司」為例，結合運動管理等各方面體育專業運動人才的管理團隊，發展主軸是「游泳教學聯盟」與「綜合性運動中心經營管理」，其他服務項目還包括：游泳池設施經營、體育賽會活動舉辦、健身中心、游泳池、綜合球場、舞蹈教室、運動場地租借、相關社會體育推廣…等。

舞動陽光已經在大臺北、桃園、臺中、高雄等 30 個地區（2022 年）經營公家運動場館設施與休閒運動俱樂部，是推動社會體育、家庭運動績效卓躍之廠商。

舞動陽光所在各縣市場館，都因時因地制宜，規劃適合當地里民的運動活動與設施，內部員工與教練人員也優先招聘在地民眾及周邊居民，只有店長是由總公司指派。

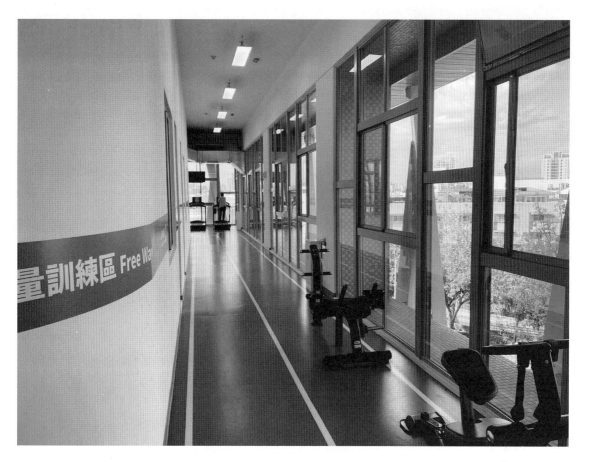

➡ 圖 6-8　臺中大里國民暨兒童運動中心委由舞動陽光有限公司經營管理，是臺中市首座結合運動公園的運動中心，品牌形象鮮明。（資料提供：舞動陽光有限公司）

　　而在國立臺灣師範大學的「運動科技實驗室」裡，一群由「運動科學教父」相子元教授帶領的研究團隊，全心投入運動科學研究，他為了讓健康的運動觀念進入日常生活，創立了「運動科學網」；讓正確的運動知識提升生活品質，持續更新經過科學驗證的運動知識與運動觀點。不論是創新產品、研究結果，甚至是專業理論，都轉譯成簡單易懂的文字，讓讀者利用最短的時間，瞭解運動的最新趨勢。

運動科學

搜尋 🔍　　　　　　　　　　　　　　登入/訂閱

最新文章　熱門文章 ｜ 感測科技　自行車　跑步　健身訓練　運動產品　　　　關於我們

用耳朵降低跑步的運動傷害
放下耳機吧！聽聽自己的腳步聲…

閱讀詳文

➡️ 圖 6-9　國立臺灣師範大學研究講座教授相子元創立運動科學網，致力於運動科學的研究，傳遞正確的運動資訊與經過科學驗證的運動知識與運動觀點。（資料提供：運動科學網）

　　企業形象的塑造，可以由內外部因素來說明。首先，就企業的內部因素而言，加強企業本身研究發展、製造、設計、行銷、財務規劃、人力資源管理、組織規劃等功能，就有助於企業形象的提升。因為企業形象是企業在顧客心中的印象組合，企業常常透過強力的廣告或宣傳，以及一些具體的事蹟來傳達，然而企業形象的維持，必須依賴企業的表現與能力，與傳達於外的形象或承諾一致，如台積電希望傳達給社會大眾卓越的研發、設計與製造等功能形象，以及關懷社會文化發展之感性形象，所以除了致力於研究發展與設計技術之提升與改良之外，也透過台積電文教基金會的成立，以「青年培育」、「教育合作」與「藝文推廣」三大主軸為基石，善盡社會企業責任。

　　2022 年五月，總統公布實施「食農教育法」生效，臺灣將邁向「全民食農教育」的新里程碑。在這之前，許多在地青年農夫或是職人，已經投入「飲食健康與消費」、「農業生產與環境」、「飲食生活與文化」，並且用自己的方式運作品牌。宜蘭 2018 年成立的「青出宜蘭農業運銷合作社」，是由 18 位來自不同領域的農業伙伴們組成，社員們自稱「WORTHY Farmers」，因為他們自信「是一群可以提供值得信賴且安心農的農產品」的農夫。

➡️ 圖 6-10 「青出宜蘭」有一群宜蘭農夫們為更美好農業環境，提供更高品質的
農產品而打拼。（資料提供：青出宜蘭農業運銷合作社）

臺中的「梨理人設計有限公司」創立於 2016 年，看見臺灣農村水果採收後產生的大量剩餘物而起身行動，以臺中后里高接梨開始，嘗試改變傳統農業燃燒、堆置剩餘物的問題，建立永續循環農業的模式。

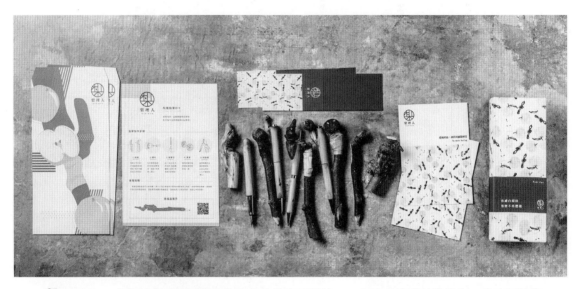

➡ 圖 6-11　從燃燒的高接梨廢棄物中誕生的「梨煙筆」，保留了產業嫁接特色，從產品銷售到活動體驗，引領農村微型產業「離開煙害，走向國際」。（資料提供：梨理人設計有限公司）

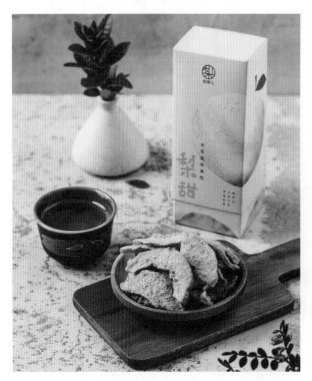

➡ 圖 6-12　臺中后里超過三成的水梨因為受傷、果形不佳而遭淘汰，梨理人發揮「梨田不離甜」的品牌精神，烘製成梨甜果乾，保留了水梨的香甜，且獨具風味。（資料提供：梨理人設計有限公司）

2016 年，葉家豪歸返家鄉石碇，協助父親經營三代靈芝產業「三才靈芝生態休閒農場」，他先從撿垃圾開始，慢慢的影響很多人跟他一起淨山，後來長出了「螢火蟲書屋」。上千本叢書除了免費讓人借閱之外，也提供在地小朋友免費課輔，希望協助打開他們對的眼耳，探索生命中所有的可能。

➡ 圖 6-13　「螢火蟲書屋」做為環境教育的基地，經過每年千位的志工合力，逐漸打開的原本石碇破敗的社區環境。（資料提供：螢火蟲書屋）

➡ 圖 6-14　「三才靈芝生態休閒農場」透過靈芝相關產品，例如：牙膏、咖啡掛耳包、健康錠劑 …… 等，跟消費者溝通品牌印象。（資料提供：三才靈芝生態休閒農場）

臺南的「禾氣合秄」將小農堅持耕種出的好物,用千姿百態呈現。這些新品牌,由自己體驗的使命出發,希望引動更多人一起共創共好,體驗臺灣土地的真善美。

➡ 圖 6-15　臺南禾氣合秄店內駐點合作的品牌,有白頭翁火龍果園的火龍果麵、左鎮公館社區發展協會的葛鬱金麵、紅薑黃粉、梗爸農場紫米等多樣商品。(資料提供:禾氣合秄)

現在,透過各種方式,都可以建立跟媒體與消費者的關係,例如:自有媒體(官網、FB 或 IG、Youtube),出版傳記或是企業家的故事,公益活動贊助,CSR 企業社會責任,永續議題 SDGs,或是近年興起的聲音經濟 PODCAST,都是傳遞企業形象與建立顧客關係的管道。

➡ 圖 6-16　音音有代誌 PODCAST 是 2021 年中成立的藝文新媒體品牌,內容著重於古典音樂知識普及,並向外擴及至各種藝文表演形式。將品牌受眾訂為年對藝文內容感興趣之年輕族群,因此,從視覺呈現、品牌標語、吉祥物等等設計皆緊扣此目標。(資料提供:音音有代誌)

品牌形象的衡量指標相當多，一般而言，品牌形象就是指企業的市場領導地位、穩定性、創新能力、國際知名度及悠久性等構成企業品牌價值之綜合指標結果。

品牌形象對一個企業而言，就是其最大的無形資產，每個企業建立及維持品牌形象之策略不同，品牌形象分為三類：

1. 功能性：強調產品功能方面的表現，能幫顧客解決問題或滿足需求，例如：三Ｃ用品、藥品等產品。

2. 象徵性：強調品牌與群體或個人的關係，滿足顧客的內在需求，例如：角色定位、自我強化、自我認同等等，像汽車、香水等產品通常傾向此種形象訴求。

3. 經驗性：在使用過程中得到滿足、感官樂趣及認知刺激，強調品牌帶來的經驗與幻想，像旅行、電影美妝、美食等產品通常傾向此類。

品牌形象有三種角度觀點：

1. 顧客觀點：品牌形象存於顧客心中，由顧客發展、維持、賦予意義，並受個人經驗的刺激所影響。

2. 行銷人員觀點：品牌形象是由行銷人員選擇、發展、實行與管理，顧客是被動的接收訊息。

3. 綜合觀點：品牌形象是知覺、感受和品牌刺激間的互相影響，產品屬性、行銷組合、消費者認知、贊助組織等等都是影響因素。

品牌形象（品牌聯想）由行銷人員發展、執行，卻存於顧客心中、受顧客個人經驗影響，綜合觀點呈現出影響品牌形象因素的多元性，不但融合顧客和行銷人員觀點，也呈現出除了兩方觀點之外的思考。

員工在顧客管理與行銷思維被視為內部顧客，如果他們認為公司品牌形象常因為疏於與員工互動，員工對品牌不認同，當他們對外接觸時，傳達出的訊息也不會給外部顧客好印象，因此，企業可讓每位員工都有參與到品牌建立的

機會,利用部門小組參與討論的方式,描繪出心中對於企業形象的定位。在建立品牌形象時必須要與現實生活相關,所以敘述不宜過於複雜或模稜兩可,解釋的詞彙要夠豐富並清晰。

品牌形象若是可以互動參與的方式進行建立,不但可擴大思考的範圍也可增加員工認同感。然而許多公司無法執行這樣的理念是因為管理階層的掌控想法,或是對基層員工的不信任,因此採取此種做法需要開放的管理者,並且要具有對於員工的信心。

品牌形象為顧客所持有的品牌概念,且品牌形象多數為主觀的知覺現象,經由顧客理性或感性的解讀而形成;此外,品牌形象並非本身即存在於產品技術、功能及實體中,而是經由相關行銷活動、文宣內容、接受者本身的特質所影響塑造,參考品牌形象時,事實所呈現的知覺面將比事實本身更為重要。

品牌形象為產品屬性的集合及顧客對於品牌名稱所產生的連結,依其連結特性可分為:

1. 「硬性」資料:硬性資料為對有形/功能性特質的特殊感覺,如速度、價格、顧客友善度、企業於此產業經營時間長度等。

2. 「柔性」資料:傾向較為情感面的屬性,如驚奇、信賴、歡樂、無趣、陽剛性、創新等。

綜合上述整理品牌形象為:

1. 品牌的知覺:

反映顧客記憶中所持有的品牌聯想上。

2. 品牌聯想：

係記憶中與品牌節點相連結的其他資訊節點集合，包含品牌對消費者的所代表的意涵，聯想來自於所有的可能形式，並可能反映出產品特徵或獨立於產品本身以外的特徵。品牌聯想的強度、有利性和獨特性，在定義及補強品牌權益對於不同的回應，扮演極重要角色，尤其當顧客高度參與選購過程時，將會影響顧客的購買動機和購買行為。

3. 品牌是行銷的結果：

此種結果來自於顧客的品牌知識，品牌知識是一種聯想網絡 (associative network)，包括「品牌知名度」與「品牌形象」。

4. 品牌知名度：

促使顧客投注較大的注意力，當顧客缺乏選擇品牌的動機時，消費者傾向使用品牌知名度來選擇商品，例如：人們想到速食店可能會先想到 McDonald's，看到籃球鞋可能就是 NIKE。

品牌形象 (brand image) 指顧客對品牌的概念 (concept)，此概念建立基礎為顧客對品牌的信念 (beliefs)。

 品牌概念為基礎，提出顧客對於品牌的認知包含：

1. 認知表現 (perceived performance)，指品牌實質的內在認知。
2. 認知價值 (perceived value)，指付出成本與價值。
3. 社會形象 (social image)，指社會環境對此品牌的尊敬態度。
4. 可信賴感 (trustworthiness)，指企業所傳達的信心。
5. 品牌認同感 (identification attachment)：對品牌的正面感覺。

所以品牌知名度雖是形成品牌形象的先決條件，但並非就是取得了市場的通行證，因為還必須考慮品牌形象的提升，對於有品質的品牌而言暢銷品牌有的不只是知名度，還必須得到顧客對其品質的了解與認可，也就是好的品牌形象。

品牌形象有三項要素：

1	2	3
製造者的形象（企業形象）	產品的形象	競爭者品牌的形象

三者皆影響顧客對於品牌的形象；而品牌形象則會對其使用者的形象影響。

品牌形象與品牌權益的影響關係，品牌形象代表產品在顧客心中樣貌，它的決定因素很多，例如產品的外觀、屬性、功能，以及產品在顧客生活中所扮演的角色；品牌權益的概念強調是以顧客為基礎，因此品牌聯想的強度係決定於顧客。

Aaker 認為公司發展品牌識別必須考量四項構面，即視品牌為產品、組織、

人物及象徵。當所創造的概念傳達於顧客時，顧客將其解讀為品牌形象；此外，品牌形象藉由產品本身、來源國、品牌個性及品牌加工品之間產品形象 製造者形象（企業形象）使用者形象品牌形象 競爭者品牌形象關連所創造，這關連因素不只影響品牌形象的創造，同時也互為影響。換句話說，便具有雙向的互為影響關係，無論是於品牌要素間或其要素對品牌形象間。

Aaker 提出至少五種品牌形象創造價值之方法：

1. 品牌形象能幫助顧客重新獲得及移轉資訊。
2. 品牌形象提供產品差異化及定位的基準。
3. 品牌形象具有產品屬性與顧客利益，提供顧客購買及使用該品牌的原因。
4. 品牌形象創造聯想，其產生正面的態度與感覺並移轉至該品牌價值。
5. 品牌形象提供了產品延伸的基礎，藉由品牌與新產品間的契合而給予顧客理由購買新產品。

➡ 圖 6-17　時報出版的信仰是【尊重智慧與創意的文化事業】。logo 像棵大樹，寓意時報出版將大樹賦予文字成書，影響更多人，流傳更久遠！logo 是 SP 兩字疊在一起，是時報兩字的音譯。logo 外型像個印刷的輪轉機，是出版事業的核心製程，也希望是源源不斷滾動的創新源頭。（資料提供：時報出版）

6-4　品牌聯想的型態

　　Park, Jaworski & MacKInnis 以滿足顧客的需求為基礎，將顧客對於品牌所產生的聯想形象，分為以下三類：

1. **功能性**：具有此種品牌聯想形象的產品品牌，主要在於強調協助顧客解決外部實際問題所產生的消費性需求。

2. **象徵性**：具有此種品牌聯想形象的產品品牌，主要在於強調滿足顧客內部需求，諸如：自我形象的提升、社會地位的象徵。

3. **經驗性**：具有此種品牌聯想形象的產品品牌，主要在於強調滿足顧客追求多樣化刺激的需求，以提供顧客感官上的愉悅以及認知上的刺激為主。

　　顧客的購買行為除了受到促銷工具及廣告活動的影響之外，也會受到產品

本身因素影響，其中又以顧客對產品的品牌形象最為重要。不同類別的促銷性廣金究竟應該搭配何種產品品牌形象，才會誘發最大的廣告效果。

故品牌聯想或稱為品牌印象，指在顧客記憶中，任合與品牌有關聯的事物，包括產品特色、顧客利益、使用方式、使用者、生活型態、產品類別、競爭者和國家等，可謂是最能被接受的品牌權益。品牌聯想（又稱為品牌印象）能幫助顧客作資訊的處理，並且協助作品牌的定位，同時品牌聯想也是品牌延伸的基礎。

品牌聯想的強度則依照資訊如何進入顧客的記憶（編碼），並且此資訊如何被維持成為品牌形象中的一部分（儲存），通常在編碼的過程中，顧客越注

意所收到資訊的意義，則它在顧客心中所產生的聯想便越強。

品牌聯想的獨特性，品牌聯想可能長期與其他競爭品牌共享，因此，品牌會以具有長期競爭力的優點，或是具有「獨特的銷售主張」(unique selling propositiion, USP)，以當作顧客購買某一品牌的理由。這獨特性可以藉由直接和競爭品牌明顯比較而獲得或是藉由明顯的索引而得。

區分品牌聯想為功能性聯想（產品屬性聯想）與非功能性聯（非產品相關屬性聯想）兩類，除此之外，品牌聯想也注重組織聯想的部分，因此，將產品聯想分為功能屬性及非功能屬性，而針對組織聯想部分則分為企業力與社會責任聯想。

根據 Aaker 研究指出是知覺品質以及品牌的聯想，也將品牌聯想的形態區分成11 種，包括：

| 1 屬性或特性 | 2 顧客利益 | 3 產品層級 | 4 無形屬性 |
| 5 相對價格 | 6 使用情境 | 7 使用者 | 8 名人/人員 |

9
生活型態 / 個性

10
競爭者

11
產品層級

在 Aaker 的這些品牌聯想的型態裡，應該不難發現，前三項型態是與產品有關的屬性或是利益，其餘的八項型態皆與產品的本身並無太大的關聯，而其中相對價格、使用情境、使用者與生活型態，皆是因為市場區隔策略所形成的。

品牌聯想（品牌形象）的型態可分為三種：

1. **屬性的聯想**：指的是產品或服務的敘述性特徵，其中又可分成與產品相關的屬性，及產品或服務的實質功能，以及非產品相關的屬性，以及一些與產品或服務的購買或消費有關的外在型態。例如：包裝、價格、使用者型態與使用情境等。品牌給予顧客的第一印象，大多數都是某些屬性。

2. **利益的聯想**：亦即顧客個人賦予產品或服務屬性的價值，這其中又可分成三種型態：

   (1) 功能利益，其指的是顧客在使用產品時或是服務對顧客所產生的實質利益，這通常與產品相關的屬性有關，主要的目的是在於滿足顧客的基本需求，例如生理與安全的需求。

   (2) 經驗利益，其指的是顧客在使用相關產品或服務時的感受，這通常與產品相關的屬性有關，其主要的目的是在於滿足顧客知覺的愉悅等。

   (3) 象徵利益，其指的是產品或是服務顧客時的附帶利益，這通常是與產品無關的屬性有關，其主要的目的是在於滿足顧客隱藏的需求，例如社會的認同、自我個性的表現。

3. **態度的聯想**：亦顧客對於此一產品品牌的整體評價，是形成顧客行為的基礎。態度的聯想會形成品牌態度，影響顧客的品牌選擇甚大，其層次最高且最抽象。

除了屬性、利益、態度三種主要的品牌聯想型態之外品牌聯想有五項次要

聯想 (secondary association)，這些次要聯想可能會導致顧客對產品或服務的主要聯想（屬性、利益、態度）有所改變，次要聯想的產生源自與主要屬性聯想有關的五項實體 (entity)：

1. 公司。

2. 來源國。

3. 配銷通路。

4. 產品或服務的名人代言或推薦人。

5. 事件活動。

前三項主要是有關於產品事實的來源，例如對企業的聯想，可能與其所採用的企業品牌策略有關，而來源國效果所關聯的是該項產品是來自哪一國，或者是在哪裡製造的，例如臺灣顧客對於日本汽車以及電器用品的偏愛，而法國有名的產品是香水以及葡萄酒。另產品特定的配銷通路也經常會成為企業塑造形象（聯想）的一種。此外，後面兩項則是經常在主要聯想為使用者，或是某些特定的使用情境中發生，尤其是當他們是特定的人物，或者是事件活動。

品牌聯想有三個構面（喜愛度、強度、獨特性）可用來區別品牌知識，特別是在高涉入的購買決策時，而上述三個品牌聯想類型會受品牌聯想的構面影響而改變。

茲分別敘述品牌聯想的三個構面如下：

1. 品牌聯想的喜愛度：

品牌聯想的不同係依據人們對品牌聯想的喜愛程度大小，一個成功的行銷計畫會創造受喜愛的品牌聯想，亦即顧客相信一個品牌的屬性或利益可滿足他們的需求時，將形成正面的整體品牌態度。

2. 品牌聯想的強度：

是依據資訊如何進入顧客的記憶中及品牌聯想如何被保留成為品牌形象的一部分（儲存），來決定其強度。

3. 品牌聯想的獨特性：

顧客對一品牌的聯想有時會與競爭品牌產生混淆，然而品牌定位的精華在於帶給品牌持續的競爭優勢或獨特的銷售主張 (U.S.P.)，藉此提供顧客購買該品牌的強烈理由。一個品牌若具有獨特的強烈聯想及獨特喜愛的聯想，表示該品牌較競爭品牌優越，其獨特性正是構成該品牌成功的關鍵因素。

綜上說明將品牌聯想的衡量再簡化說明：

1. **屬性**：顧客在消費之餘所認知的品牌是什麼、品牌有什麼。

2. **利益**：指顧客個人價值。

3. **態度**：指顧客對品牌的評價。

當某一品牌的產品進行品牌延伸策略 (brand extension) 時，該品牌的品牌聯想會有何衝擊，將如何影響顧客對該延伸產品的聯想，進而影響對產品延伸策略的成功與否，認為品牌屬性聯想和對原品牌的態度會轉移給延伸產品。例如 NIKE、ADIDAS、PUMA 等開始重視減塑減碳，呼應環保，使用再生材質，減少水資源耗損，透過品牌傳遞推動環保永續的心力。

品牌聯想應該建構在功能或利益上，而分成四個衡量構面，分述如下：

1. **保證性功能 (guarantee function)**：指品質承諾的認知是建立在品牌可信度與績效的評價上。

2. **個別性 (personal identification)**：顧客本身能夠指出品牌以及對於品牌的喜好性。

3. **社會性 (social identification)**：乃是指將品牌當成一個傳達機制。

4. **地位 (status)**：指當顧客使用某一品牌產品時，所表達出來的讚美及尊敬的感覺。

George and Charles 對品牌聯想的定義，提出三個衡量指標，分述如下：

1. **品牌形象**：指顧客對特定品牌的動機與情感認知，包含功能性與象徵性的品牌信念。

2. **品牌態度**：指顧客對品牌整體的評價，不論是好的或是壞的評價。

3. **知覺品質**：指顧客對產品整體優勢的判斷。

品牌聯想分為組織聯想與產品聯想，其中組織聯想的內涵為企業能力聯想與企業社會責任的聯想，產品聯想的

內涵則為功能性聯想與非功能性聯想。進一步探討品牌聯想內涵對品牌權益的影響，以及組織聯想與產品聯想所形成的雙重聯想相對於單一聯想是否能提升品牌權益，更研究不佳組織聯想內涵的品牌是否能經由其他聯想內涵來改善品牌權益。

組織聯想與產品聯想對品牌權益的影響卻是具有顯著差異。再者適當的雙重聯想搭配對品牌權益才有助益。反之，對品牌權益有害。因此，品牌聯想內涵皆有助於改善不佳組織聯想者的品牌權益，其中以產品功能性聯想的助益最大。

6-5 品牌聯想的五個層次

品牌聯想的層次，從有形資產到無形資產，用下圖 6-18 來呈現它，更易理解。

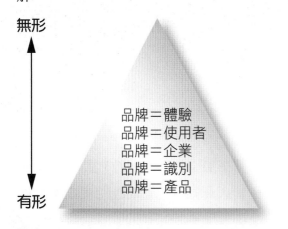

品牌＝體驗
品牌＝使用者
品牌＝企業
品牌＝識別
品牌＝產品

→ 圖 6-18　品牌聯想的五個層次（品牌＝體驗、品牌＝使用者、品牌＝企業、品牌＝識別、品牌＝產品）。

1. 視品牌為產品

當我們問顧客想到某某品牌時會聯想到什麼？通常得到的第一個答案是產品的印象。例如提到「Apple」，你會想到手機、MAC、iPAD、IOS；MUJI

想到日系；Netflix 想到串流平台。顧客想到品牌就想到產品，其實並不那麼重要，因為品牌已被提示，真正我們想要知道的是，顧客想要買某項產品時，會不會想到我們的品牌，而將本品牌列入選購名單內。品牌經營人員被挑戰的是顧客行為，因為顧客的需求是來自產品，而非品牌；但是品牌卻讓他更願意買。例如顧客要買咖啡會不會想到路易莎？想吃速食漢堡會不會想到麥當勞？想買賣房子時會不會想到永慶房屋或信義房屋？

當企業欲探尋品牌與產品的關係，以下的問題可做為參考：

(1) 當你看到或聽到這個品牌時，你會聯想到哪些產品或服務？

(2) 它的產品看起來／聽起來／聞起來／吃起來感覺如何？

(3) 你會如何跟別人介紹這一項產品
　　或服務？

2. 視品牌為識別

　　成功的品牌有一明確又獨一的識別資產，對顧客而言，易於在眾多品牌中記憶與分辨；對企業而言，歷年的投資可以被累積且可延伸應用此識別於新產品或服務。例如例如想到零食會想到樂事洋芋片的紅白 Lay's；星巴克咖啡會想到綠色長髮女人；BAPE 潮服會想到一隻猿人的頭。

　　更進一步，識別的資產不局限於有形，音樂、廣告標語等也是很重要的無形識別資產，且與有形識別之意義相同。例如：桂冠「餡在，我好幸福」；統一科學麵「好吃不科學」；波蜜「年輕人不怕菜，就怕不吃菜」等，已讓品牌在延伸上有無限的想像空間！

　　當我們欲探尋品牌所擁有的識別資產，以下的問題可做為參考：

(1) 當你看到或聽到這個品牌時，你
　　會聯想到哪些標誌、符號、顏色、
　　音樂或任何其他具像的事物？

(2) 該品牌是否有讓你記憶深刻的
　　slogan 或標語？

3. 視品牌為企業

　　對於企業名即為品牌名的品牌，顧客較易於辨認企業與品牌的關係，企業所做所為均會成為品牌聯想的一部分，而為品牌加分或減分。它的意義，消極而言，當產品或企業發生危機時，顧客因認同它而較願意重新接受它；積極而言，顧客在同質化的產品清單中，更願意將它列為第一選擇。

　　至於有些產品品牌，品牌甚至比企業更有名，顧客大多不知道背後的製造商（如原萃茶飲跟 George 咖啡品牌是哪一家企業所擁有的？答案是可口可樂），品牌擁有者也無意讓顧客知道他們是誰。因此，企業為品牌資產之設定，很多企業也許認為在此情形下已相對不重要了。

4. 視品牌為使用者

　　什麼樣的人，就會買什麼樣的品牌，因為品牌往往反映著一個人的個性。處於同質化的產品市場及愛炫耀的消費市場，品牌代表使用者的因素顯然越來越重要，而那些能突顯個性、身分、精神的品牌也廣受歡迎，或至少也被特定族群擁戴，這些無形的特徵建構了品牌與顧客的堅實關係。

5. 視品牌為體驗

　　Aaker 在談品牌資產元素時，並未明確的指出品牌體驗也是品牌資產的一部分，有三個原因致使品牌管理者不得不重視體驗資產的存在：

(1) 是生活品質提高,顧客要求附加價值。

(2) 是商品同質性提高,功能性價值式微。

(3) 是零售通路快速竄起,通路品牌體驗日趨重要。

因此,品牌體驗應視為品牌聯想獨立因素之一,使品牌聯想資產管理更為完整。

以「饗賓餐旅事業」為例,從七十年代桃園人共同的飲食記憶「福利川菜餐廳」起家,2001年起逐步轉型為饗食天堂自助百匯,目前已發展為多品牌的餐飲集團,讓顧客有「饗以盛宴,賓至如歸」的幸福用餐體驗。目前「饗賓」旗下餐飲品牌各具特色,有自助百匯的「饗食天堂」、時尚川味的「開飯川食堂」、天然蔬食的「果然匯」、創新泰味的「饗泰多」、樸實台菜「真珠」臺灣家味」以及「INPARADISE 饗饗」、日本料理百匯「旭集和食集錦」、火鍋品牌「小福利火鍋會所」以及電商平台「饗在家 EAT@HOME」、「饗帶走 EATOGO」等多元品牌。

➡️ 圖 6-19 「旭集」使用好食材做出特色料理,讓消費者對品牌著迷,享受全方位的美食體驗。
（資料提供：饗賓餐旅）

6-6　建構品牌聯想的價值

現今由於消費型態及需求的改變，品牌權益的建立與管理漸漸受到各方的重視，而品牌權益的建立與管理更有賴品牌聯想之評估與衡量結果，來給予企業行銷方面的指引。品牌的形象能衍伸出許多重要的價值，決定品牌形象之後，再來是強化品牌的定位。在這個階段中，企業必須強調自家品牌與競爭者品牌的差異，以及能提供顧客何種的利益。因此，企業必須了解顧客的需求以及環境的變動，以建立合乎市場趨勢的品牌定位，此外，還必須透過持續與顧客溝通品牌的定位，維持一致性的品牌訊息，建立顧客心中的品牌信任與長期關係。最後一個階段是，衡量品牌的績效。這個階段通常是難以執行卻相當重要的階段，一方面因為品牌績效的難以決定，哪些因素可以代表品牌的績效，一方面因為品牌績效的難以衡量，要透過顧客主觀的評定，還是透過統計技術等客觀的評估。

一般而言，目前常用以評估品牌績效的標準，包括品牌的知名度，如臺灣居民中有多少比例知道你的品牌、顧客對品牌定位的認知、顧客對品牌形象與品牌人格的認知等，企業也常常衡量因品牌名聲而來消費或購買產品的顧客人數，以及因品牌名聲而再購產品或是推薦他人購買的顧客人數等，來決定品牌的績效。

品牌績效的決定，會因為產業及企業背景與經營目的之不同而異，但對品牌形象的建立與維持，品牌績效的有效衡量是相當重要的。由於高科技產業的專業性以及相互依賴性相當高，如積體電路產業、資訊工業等，因此，品牌的選擇往往是採購者購買時重要的決定因素，相對於其他的產業，如消費性產品，高科技產業更重視專業品牌的形象，所以，透過品牌策略之規劃與執行，建立良好之品牌形象，以及衍生出正面、廣域的品牌聯想、品牌人格以及品牌忠誠，是企業取得卓越競爭力的重要因素。

有關品牌形象，人的行為並非全然由知識和資訊所引導的，而是被所察覺到的形象所影響，是根據個人所獲訊息而形成的一種觀點。而品牌形象是顧客對一個企業或企業活動的主觀態度、感情和印象。

品牌形象可以真實地反映出社會大眾對這一企業的評價；企業在獲利的過程中，如注重品質、服務、管理、創新等經濟面，以及環境保護、公益活動以分擔社會責任之社會面及滿足員工與顧

客之人性面，立刻全面提升品牌形象。

品牌聯想（品牌形象）在聯想數量、聯想獨特性、聯想來源之直接經驗、聯想喜好度與聯想強度方面對品牌權益具有影響力。亦即顧客對於高權益品牌相對於低權益品牌擁有較多的聯想數量、聯想獨特性、以及直接使用的相對高比例，並且對於高權益品牌具有較高的喜好度與聯想強度。

目前為止還未看見品牌形象對產品或是行銷影響不顯著的例子，品牌形象是否真的對其產品有絕對的影響力？是否有品牌形象不強，其產品卻能擁有很強的行銷力的情形？品牌形象的成功有可能不是出於刻意經營，而是依附在其他因素的順風便車上嗎？品牌神話真的值得迷信嗎？如果公司的預算有限，投資在品質（或產品研發）或者其他行銷管道等，及在品牌形象的經營管理的比重上該如何分配？

因此，品牌聯想（品牌形象）建構應是長期經營的概念，Park, Jaworski and MacInnis 將品牌聯想（品牌形象）分為三個生命週期階段：導入期、精緻期及強化期，每一期的管理模式與定位策略應有所不同。

1. 導入期：

管理模式－了解品牌形象，在市場進入時，即品牌上市期，公司必須進行一系列建立品牌形象及定位的活動，此時的行銷任務是針對目標市場的形象溝通。定位策略：

(1) 功能性品牌：強調品牌能解決問題的績效。

(2) 象徵性品牌：強調品牌與團體認同或自我定位的關係。

(3) 經驗性品牌：傳達品牌對滿意度與刺激的影響形象。

2. 精緻期：

管理模式－堅固品牌形象以增加價值，形成與競爭者的差異。定位策略：

(1) 功能性品牌：解決問題的特殊化，縮小市場區隔。

(2) 象徵性品牌：保持團體認同或自我形象的聯想，提升非目標市場消費的困難。

(3) 經驗性品牌：強調知覺／認知刺激。

3. 強化期：

管理模式－品牌形象與公司其他不同種類的產品品牌連結，增加個別品牌和整體公司品牌集合的優勢，此時期為產品線品牌管理而非個別品牌管理。定位策略：

(1) 功能性品牌：強調與其他績效相關產品的關係。

(2) 象徵性品牌：使顧客能將己身經驗轉告他人，將概念普遍化至公司相關產品。

(3) 經驗性品牌：與企業其他經驗性品牌的形象連結。

　　顧客是被動的，並不會主動蒐集產品資訊，只有在個人需求強烈時，才會開始蒐集資訊，並提供決策參考。因此，品牌經營人員應扮演主動的角色，時時創造議題，告知、提醒顧客該注意什麼或該使用什麼？長此以往，在顧客心中，品牌就不再是浮光掠影，抑或片面的印象。

　　時代在變，顧客使用產品的觀念也在調整。因此，當顧客使用某項產品時，除了享受產品本身所帶來的便利與舒適外，更在乎的是產品所延伸出的價值與象徵。換而言之，經營者在訴求產品品牌所提供的利益之餘，也應為品牌建構一個顧客心目中的形象 (brand image)，讓顧客在使用某項產品時，感受到自己是某種形象的化身或將自己與某種形象聯結，有助於滿足顧客對品牌的需求，創造顧客持續性消費的誘因。

　　品牌形象的建構，可以邀請形象端正、高知名度且深受顧客喜愛的人士為活動代言，以刺激買氣，也可塑造網站品牌的形象。例如：此外，透過公益活動的舉辦，彰顯企業對社會服務的責任，也是一種建構品牌形象的方法。不管任何方式，無非為了刺激買氣，創造顧客持續性且重複性的消費，乃至於建立顧客的品牌忠誠度，值得一試。

　　決定品牌形象後，接下來要擬定企業的品牌契約 (brand's contract)。根據市場反應，列出一長串企業想對顧客達成的承諾。列出清單的原因，是為了提醒企業所有權人或品牌經營者，顧客對企業的期望和感覺是什麼，也讓品牌經營人員更誠實面對企業的產品。

例如，星巴克咖啡所訂的品牌契約如下：

1. 在市場上提供高品質的咖啡。
2. 提供多樣性的咖啡選擇，以及搭配的食物。
3. 溫暖的、友善的，就如同家裡一般的環境，適合顧客談天或閱讀。
4. 顧客享受喝咖啡的經驗，勝於喝咖啡。
5. 友善而直率的員工，迅速處理訂單。

為了達到這些契約，星巴克雇用直率的員工、增加新產品、教育顧客關於咖啡的常識，並且在各分店提供品質一致的咖啡。

要擬定自家企業的品牌契約，可以從詢問顧客對品牌的印象開始，了解品牌已經完成什麼承諾，顧客又是如何感受到的。怎麼做可以讓消費經驗更好？顧客還希望品牌提供哪些承諾？重要的是，這些答案都要經過由顧客獲得，而不是內部主管討論獲得。

蒐集到顧客的意見後，接著要將這些意見，轉化成可以達到的品牌契約。例如，麥當勞提供給顧客的承諾就是，不論你在哪裡的麥當勞，都可以吃到一致品質的產品。這個品牌承諾，最後轉化成麥當勞共同遵守的工作原則，以確保產品的一致性與品質。重點是，你必須將這些契約化為可行的行動方案。

擬定品牌契約重要的原則是，確實實現企業品牌承諾，否則，這對企業品牌反而會造成一種傷害。

不只產品或服務，人、地方、國家都需要建立好的品牌形象，經由對於顧客的研究，發展出最鮮明的、最突出的特色，建立顧客能在心中明確聯想的品牌形象，之後要發展什麼行銷策略都會變得更容易些。一個品牌形象經營好的企業在銷售產品的時候，會比沒有好的品牌而辛苦的銷售單一產品來得省力，然而一個具有強勢形象品牌的大企業，推出一個毫無特色的產品，結果乏人問津的情形也不是沒有，若一個在顧客心中沒什麼印象的品牌推出一個有特色的產品或是有宣傳力道的廣告，或許可以獲得提高銷售量的機會。

以長照現場為例。臺中市和平區長期照顧人力長期不足，無法推展長照服務資源。當地達觀社區發展協會於2019年1月開始，透過在地居家護理所合作推動長期照顧，在部落照服員的共同投入下，啟動了長照人才培育計畫，由部落耆老命名為伯拉罕（Plahan，在泰雅族的語言是指烤火與興旺）計畫，期待

透過培訓的研發辦理，運用部落在地人提供服務，讓部落照顧人力增加並留任，發展部落長照服務網絡，滿足在地失能個案的照顧需求。同年年底。全國性伯拉罕共生照顧勞動合作社正式成立，完成居家式長照機構設立，並於 2020 年 1 月成為臺中市衛生局特約。

透過鼓勵居家照顧服務員加入勞動合作社，提供完整的服務保障，並透過合作社繳股金、分股息的方式，讓照顧服務員都是股東、是老闆，共同決策、發展公開透明，除了有穩定的服務收入，更可以依據投入的努力分配權益，讓照服員更有保障，形成有發展性的事業。耳相傳之下，越來越多年輕人主動提出想返鄉工作，其中最年輕的照服員年僅 19 歲。

伯拉罕共生照顧勞動合作社的理事主席林依瑩發展 ALL IN ONE 模式為核心價值，依著個案的需求發展出一天多次、重症返家、空間美學、共生照顧等多元模式，結合長照 2.0 的體制，密切整合居醫、跨專業及長照，發展出民眾可負擔的平價溫馨的長照服務，降低國人對外勞及住宿型機構的需求，期待進而推動到全國，翻轉臺灣長照，塑造長照的品牌價值。

2022 年，林依瑩更打造「CFT(Care for Taiwan) 照顧學校」，培育專業長照人才，讓 ALL IN ONE 的服務可以於全臺灣落地紮根，受惠更多長照單位，CFT 也推出「工作旅行計畫」，讓社會新鮮人可以在不同縣市、場域（居家或機構）甚至國外，體驗長照產業、探索自我。

Rural communities in Taiwan unite to provide care

78-year-old Bo Shan is a member of the Atayal group, Taiwan's second largest indigenous community and located in the country's central mountains. Bo Shan had been healthy and active for most of his life, until one day he got a bad cold and went to the hospital for a check-up. He was admitted and a tracheostomy tube was inserted. What followed was a difficult period of constant transition between the hospital and nursing home. Bo Shan felt deeply alone and wished to go back home to his village.

Plahan came forward to help. Plahan in Atayal means "people sitting around the fire pit, gathering together to support each other". The organization formed a multidisciplinary team to help Bo Shan return home and receive the care he needed. The care team further assisted Bo Shan to reconnect with his family and friends at church. Gradually, Bo Shan regained his ability to live independently and began to embrace a new role as a supporter of other seniors in the community.

"Because of Plahan, I could go back home and find joy in life that had been long lost since I was admitted to the hospital and nursing home. Plahan offers me not only care and support, but also an extended family. I am grateful and willing to be the support to others in my community," says Bo Shan.

providing care, support and connections

contributors Recipients become

It takes a village to age in place

The Concept: Plahan is designed to mobilize and empower local citizens to care for their seniors and catalyze mutual support in the community. It develops a strong support system to attract locals to be trained caregivers. It partners with medical and nursing professionals to develop and lead both online and in person training.

Plahan further empowers local caregivers to identify opportunities to enhance seniors' sense of belonging and engage them in various communal activities. It implements a time-banking scheme to encourage people to volunteer and take active participation in the community. It transformed a once empty rural village into a community hub where people of all ages and abilities can join together.

➡️ 圖 6-20　2021 年，伯拉罕受邀參與全球銀髮創業平台 Aging 2.0「21 Days 21 Stories」計畫，介紹當年度展現全球各地對抗孤獨與終止孤立的創新推動。伯拉罕用林伯山爺爺從臥床到自理，重症返家的長照歷程，展現被照顧者重拾社區自在生活，進而帶動社區互助的新可能。（資料提供：伯拉罕共生照顧勞動合作社）

➡️ 圖 6-21　伯拉罕與食二糧合作引入「友雞」生活，讓長輩透過飼養母雞得到身心療癒。（資料提供：伯拉罕共生照顧勞動合作社）

➡️ 圖 6-22　伯拉罕「友雞」生活，讓長輩透過飼養母雞得到身心療癒，並且能從雞蛋獲得蛋白質營養，或製成手工蛋捲販售。賣雞蛋和蛋捲的收入，全投入部落弱勢長者的公益晚餐計畫。（資料提供：伯拉罕共生照顧勞動合作社）

CFT(Care for Taiwan)
照顧學校推動計畫
－ 培育人才、青銀共創、社會設計

➡️ 圖 6-23　2022 年伯拉罕打造「CFT(Care for Taiwan) 照顧學校」，培育專業長照人才，讓 ALL IN ONE 的服務可以於全臺灣落地紮根，受惠更多長照單位。（資料提供：伯拉罕共生照顧勞動合作社）

各個品牌的品牌聯想皆不盡相同，大致上可區分為功能傾向以及非功能傾向，此兩種品牌聯想帶給顧客的影響也不太一樣；為了能夠吸引更廣大的顧客族群，許多精品業者紛紛推出副品牌來囊括不同區隔的顧客，而業者在推出副品牌的時候，所採取的策略也不太一樣，有企業會採用國際化的副品牌定位，亦有企業會採用本土化的副品牌定位，其帶給顧客的感受又有不同；而企業在推出副品牌的時候，為了不使顧客對其主品牌產生負面的影響，會給顧客理由，企業通常有兩種選擇，一是中央路徑（給其與產品本身相關的資訊），另一是周圍路徑（給其與產品本身不相關的資訊或不給理由）。

當這三個變數相加在一起，將會產生不一樣的效果。品牌聯想、副品牌定位、路徑理由對顧客態度皆沒有顯著的影響，而品牌聯想與副品牌定位、副品牌定位與路徑理由對顧客態度則有顯著的交叉效果，且在品牌聯想與副品牌定位、路徑理由對顧客態度上也有小小的交叉效果出現，可見此三者對顧客態度之影響有階層的關係。

增強顧客現有的態度比改變現有態度容易得多，以改變態度的角度思考品牌形象，若是品牌想轉型，或是顧客既有的品牌形象認知與企業所希望的有落差，企業想要改變顧客認知，就牽涉到態度改變的研究或是品牌重新建立的問題。

品牌形象高時可以提升知覺品質與知覺價值。品牌形象可以提升知覺品質與知覺價值，所以品牌充斥的競爭下，優質的品牌形象較能使商品被凸顯。對於低品牌形象企業而言，價格高時績效風險、社會風險、心理風險均提高，例如高品牌形象的視覺創新，顧客會因為對該品牌的高度認同感，相對肯定其視覺創新或功能創新，在顧客心中認定為領導時尚、專業設計，但對低品牌形象的產品不會產生同樣的認同感。

品牌形象低的企業，必須加強品牌形象的提升，一味的犧牲毛利討好顧客的策略不見的會奏效，所以重建品牌精神、重塑品牌形象，是良好的品牌管理方法。

CHAPTER 07

知覺品質
——感受品牌價值

7-1　緒　論

在高度競爭的時代，為了贏得顧客的青睞，企業不斷的追逐高品質、講求品質零缺點，因為對大多數的顧客而言，品質無異是他們選擇該產品的要因，過去多數研究結果也顯示，顧客最重視的就是他們所獲得的產品品質之優劣。

早期的品質理論，強調產品品質的重要性，談論的範圍著重於功能、規格、準確度、故障率、可靠度等，學者將較為狹義的品質考量，納入顧客感受的概念來解釋品質，因此，知覺品質的概念逐漸形成。

品質分為兩種，「生產品質」與「知覺品質」(perceived quality)，「生產品質」是以產品與製造為基礎，而「知覺品質」則是顧客觀點來評定品質，知覺品質被定義為「顧客對某一項產品，特定的優異程度之評價」。

品質的衡量基礎，可明確的劃分為五類：

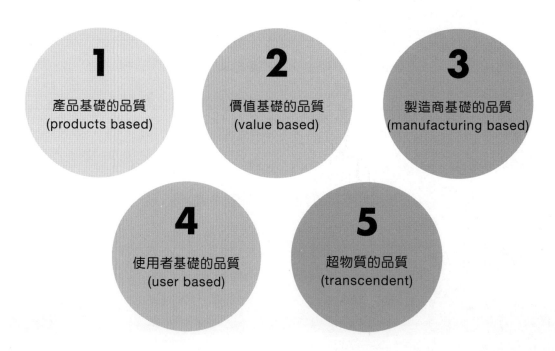

1　產品基礎的品質
(products based)

2　價值基礎的品質
(value based)

3　製造商基礎的品質
(manufacturing based)

4　使用者基礎的品質
(user based)

5　超物質的品質
(transcendent)

知覺品質直接影響購買決策與品牌忠誠度，它也支持了價格的溢酬與品牌延伸的基礎，知覺品質已成為許多企業的重要經營責任，並且成為企業永久競爭優勢的來源，知覺品質 (perceived quality) 可視為顧客在特定目的與相關方案中，對於產品或服務的整體品質與優良性的評估。其中又可將知覺品質的形成因素分為兩個構面：

1. 包括功能特性、美感與耐用性的產品內容。

2. 包括信賴度、明確性與認同感的服務內容。

7-2　知覺品質之意涵

許多研究強調客觀品質及知覺品質是不同的，在文獻上客觀品質被用來描述產品在實際技術之優越性，而知覺品質則被定義為顧客對於產品整體優越程度的判斷。

知覺品質的特性包含了不同於實體或真實的品質、且較特定產品的屬性而言，具有較高的抽象性、在某些案例中應作整體性的評價（與態度相似）、以及顧客的判斷通常來自於其內在的喚起組合等。顧客對產品規格一致性的判別，和顧客對附加於產品性能上的優越價值作評價，是主觀認定所得出的結果。

而知覺品質在顧客的購買行為中具有重要的影響力，因為在作產品評價時，顧客最先考量的就是產品的品質，所以顧客對產品的知覺品質優劣是最直接影響到顧客對產品的知覺價值和其購買決策的。

知覺品質 (perceived quality) 的定義大多數的學者均強調品質與知覺品質是具有差異的，顧客在環境的情境與個人的變數下，有意識或無意識處理與品質屬性相關的線索，所產生的特殊判斷即為知覺品質。這說明了顧客對產品規格是否一致性，或附加於產品功能是否具優異性，可產生出判斷與評價，因此，知覺品質與品牌發展有極大關聯。

知覺品質之所以異於實際品質原因如下：

1. 顧客先前的印象影響其對品質的判斷。

2. 廠商與顧客對各品質構面重要性認知不同。

3. 顧客獲得的訊息不完整。

有鑒於知覺品質的複雜性，將不同觀點整理如下：

1. 知覺品質產生差異的原因

Aaker 提出顧客很少能夠於資訊完全下做購買決策，即使擁有一切的資訊，也可能因時間或其他限制因素，而改變其選擇，研究中提出「理想的完全決策」不存在，也是造成知覺品質之所以異於「實際品質」的重要因素，其論點有三：

(1) 顧客受到先前的消費印象所支配，將改變其對品質的判斷，過去的消費經驗已有先入為主觀念，將阻礙去接受該產品的新訴求或功能，也不願意花時間，再去確認產品品質是否有改善。

(2) 製造商與顧客對品質的認知不同，製造商認為某種特殊品質或功能是重要的，但在推行上市後，卻往往因為無法達到顧客內心需求，而終告失敗。

(3) 顧客所獲得的資訊不完全所造成，在購買產品時受於時間、空間的不允許，顧客不能夠得到完全的資訊，最後只能選擇性地找出他們認為最重要的資訊，對品質做推斷，甚至於顧客選擇了錯誤的線索來進行判斷。

2. 知覺品質並非客觀的認定

Holbrook & Corfman 的研究區別出四種品質構面，這些構面為知覺品質的定義，提供一概念性架構：

(1) 知覺品質是一種偏好或判斷：以品質為出發點，指顧客對於產品好壞的全面性判斷。

(2) 知覺品質是互動的結果：所以同一種產品，當顧客不同時，將具有不同的結果。

(3) 知覺品質是相對性：具有情境性、比較性、個別性，具備相對性的概念，例如競爭者的比較下或替代品的數目多寡，均會影響評價程序。

(4) 包含消費經驗：「消費」除指實際使用，也包括對產品的擁有及欣賞。知覺品質相似於態度的評價。

以產品的總體性評估來稱知覺品質，此行為應與「態度」較為接近，因此知覺品質包含了產品整體的價值判斷。另學術上亦有二種類型的品質說明：

(1) 情感品質 (affective quality)，在低層訊息與產品最終評估之間的認知，屬於情感面的因素，如售貨人員的服務態度、長期培養出的情感，或店內空間愉悅的感受。

(2) 認知品質 (cognitive quality)，產品面的因素，就是一般所認知關於產品實體上的滿意程度。品質認知度是指顧客會對某品牌的產品或服務認知到的全面性品質或優良度，例如臺灣人對於德國、日本生產的汽車或其他商品的認知，就是可創造相對高品質的價值，因此企業可以藉由品質認知來創造商品的價值。

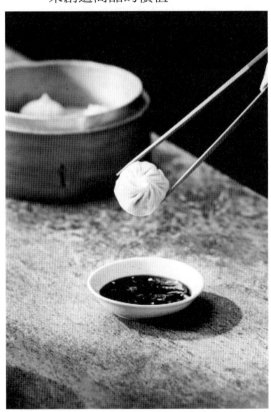

➡️ 圖 7-1　養心茶樓講究健康、自然、無毒的精選食材，結合創新飲食概念，以中式料理的手法、蔬食的本質，透過「創新」詮釋經典，挑戰蔬食的無限可能。圖片為上海小籠湯包。（資料提供：養心茶樓）

3. 知覺品質有較高的抽象定義

顧客對產品的認知結構存在著階層性，Young and Feigin 強調信息的傳遞過程，顧客的知覺價值與知覺品質有其因果關係存在。顧客對於產品的知覺品質越高時，影響顧客的知覺價值也會提高，由於知覺價值的提升，最終將影響顧客的購買意願，知覺品質是屬於準心理層級的認知，涵蓋較高的抽象概念，而產品屬性則是實體層級的認知。

Williamson 指出品牌資產的特殊性 (asset specificity)：是指花一筆金額投資於某一種特殊的交易活動，而當該投資的資產缺乏市場流通性或是一旦契約終止時，則必須負擔龐大的成本。

品牌資產特殊性大概可分為三種：

1. 區位特殊性：(site specificity)

指生產過程具連續性的兩個企業，為減少存貨與運輸成本，所以將兩個企業予以整合。此種區域特殊的資產多為不動產，一旦投資下去，就不容易遷移，況且重新設立的成本很高，所以交易雙方在資產的可用年限內必須維持雙邊交易的關係，因為一方若毀約，則另一方將遭受到龐大的損失。

2. 實物資產特殊性：
(physical asset specificity)

指資產雖可以移動，但其只能用於生產某種特殊型態的產品或服務。例如，生產某種零件的特殊模具，僅能用於生產該零件，若將其移做其他用途，則無法使用；此種模具便是具有實物資產特殊性。

3. 人力資產特殊性：
(human-asset specificity)

指需藉由工作中學習的方式來累績經驗或是獲得工作上的能力，且此項人力資產無法轉移，因為換到其他不同工作生產力會降低。

品牌資產特殊性之所以重要，是因為一旦資產投資下去之後，交易雙方在資產可用年限內必會維持雙邊合作的關係，倘若，在期間內契約遭到破壞，則資產提供者首先便面臨著投資無法回收的困境，然而另一方也會因為無法找到合適之合作對象而遭受損失，因此可見，資產越特殊化，則交易雙方越會願意維持彼此之合作關係。

Williamsom 進一步指出資產專屬性，不確定性及交易頻率為影響交易進行的三大構面，其中資產專屬性是影響交易困難程度與交易模式選擇之關鍵因素，資產專屬性包括實體資產、區位、人力資源、特定投資、品牌。

顧客與品牌間產生之資產專屬性越高，則其被遲滯的程度越大，欲轉換至其他品牌的轉換成本越大，相對於其他品牌而言，繼續使用資產專屬性較高的品牌，顧客所須付出的成本較低。

7-3　知覺品質的組成要素

Zeithaml 認為，顧客會利用屬於低層之產品屬性線索來推論品質。而用來提示產品品質的屬性又可分為：

1. **本質屬性**：本質屬性涉及到產品物質上的成分，如果不改變產品本身的性質，本質屬性無法改變，而當使用產品時，同時也是在使用這些屬性本身。

2. **外顯屬性**：外顯屬性是指產品相關，但是卻不是屬於產本身物質上。

由此可知，知覺品質的本質受到主觀的認知、環境情境、產品線索等所影響，並具有較高層次的抽象性定義。

因此，知覺品質有下列二個層級：

1. 對低階產品屬性的知覺：

對一位企業經理人或學者而言，將所有產品的品質給予一般化的定義是相當困難的，特別是那些針對產品本質屬性描述，每種產品本身的組成就不相同，其本質屬性自然差異也就很大。

2. 高層級的抽象概念－知覺品質：

Zeithaml 和 Krimani 認為，本質與外顯屬性兩者之間會相互影響。本質屬性會影響外顯屬性的推論，相同的，外顯屬性也會影響顧客對本質屬性的推論。兩者之間的相互影響程度仍無法確定，但是他們對顧客的知覺品質仍有重要影響。

經由簡化後的知覺品質因果模式，可以了解知覺品質的形成要素。顧客會利用資訊（本質屬性與外顯屬性）來發展一套形容式的產品信念，而這套產品信念則反過來影響顧客品質評價與最終的購買選擇。

根據 Zeithmal 和 Krimani 研究指出認為，顧客透過自己的方式把這些因素摘要整理成中間層次的抽象知覺，最後才產生知覺品質。

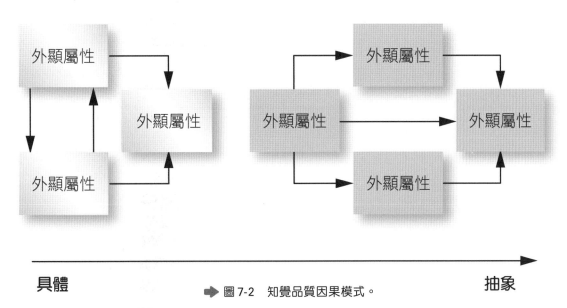

➡ 圖 7-2　知覺品質因果模式。

7-4　知覺品質之構面

Garvin 針對知覺品質的抽象概念，提出八種構面定義：

1 產品績效 (performance)

2 特性 (features)

3 一致性 (conformance)

4 耐久 (durability)

5 可靠性 (reliability)

6 可服務性 (serviceability)

7 美觀性 (aesthetics)

8 知覺品質 (perceived quality)

Brucks & Zeithaml 以探索性的研究為基礎，提出泛用於不同品類別的抽象六項構面：

1 使用的功能性 (functionality)

2 績效 (performance)

3 容易性 (ease of use)

4 耐久性 (durability)

5 服務能力 (service ability)

6 聲望 (prestige)

知覺品質給予了一般化的評估條件，因為不同產品，在低階級的本質屬性自然差異大，有評估上的困難度，透過更高階級的抽象性概念尺度，提供了一般化指標。

7-5 知覺品質與知覺價值

過去行銷學的學者對知覺價值 (perceived value) 的定義，已證實顧客對於產品的知覺價值決定了顧客的購買意願，而知覺價值的高低，受到知覺品質與付出的成本所影響。

顧客對價值的定義可以分為四種：

1. 價值是與市售的價格，比較後為低價格。
2. 價格是我由產品中得到的一切。
3. 價格是我付出時得到的品質。
4. 價格是我付出中所得到的。

歸納上述論點，可將知覺價值解釋為：「顧客基於產品獲得與付出的部分，對產品整體性作評價。」也就是說知覺價值代表獲得和犧牲兩者間的權衡。

1. 知覺品質與知覺價值間的關係

知覺品質較知覺價值更有抵換關係的認知，知覺價值是知覺品質與知覺犧牲間的相對關係，當對產品有較高的品質評等時，價值相對性提高，我們可以將知覺品質視為顧客所獲得的益處，如實體屬性利益、服務屬性利益、或其他知覺品質利益之函數。知覺犧牲指的是顧客取得該產品給付的成本，所以知覺價值相對於知覺品質，加上了抵換關係的考量。

觀測此模型，也發現價格的角色值得探討，價格扮演了雙向影響的角色，當顧客將價格當成品質的重要指標，價格高時將影響知覺品質；但同時價格高，代表顧客必須付出的金錢犧牲也提高，將對於知覺價值有負面的影響，所以價格變項應該有被釐清的必要。

交易效用理論 (transaction utility theory)，清楚的將顧客所獲得的整體利益分成兩種：一種是「獲得價值」(acquisition utility)，另一種是「交易價值」(transaction utility)，獲得價值是基於「商品獲得衍生之價值與金錢支出兩者間權衡所得到」，交易價值則是基於從「交易中所獲得的額外效用」，知覺利益來自產品本身，當利益與知覺犧牲相互取捨後，形成獲得價值，獲得價值可稱之顧客的盈餘 (consumer surplus)，亦被認為是所接受的品質及所支付價格之間的差別。

而交易價值則為犧牲與參考犧牲的差異，交易效用理論提出價格的複雜角色，任何產品皆存在一組價格水準於顧客心中，可區分成實際售價、參考價格、及最高可接受價格，顧客比較後建立起參考犧牲的範圍，當支付價格低於預期價格，交易被定為「划算的交易」，亦就是占便宜 (rip-off) 而生的額外效用。

交易效用理論詮釋了知覺價值的抵換觀念，同時，也強調獲得效用與交易效用之後，個人對產品的評量加權而得到知覺價值，進而以此價值做為購買行為的依據。不過，交易效用理論的焦點，是將交易效用視為購買意願與行為的前因變項，但對於哪些變因會影響交易效用對知覺價值的衝擊，則較少被討論，所以應針對知覺價值的前因變數作更一步的確認。

2. 知覺品質與知覺價值受產品線索的影響

Zeithmal 被廣為引用的價格、品質、價值的模型 (means-end models)，解釋了顧客的購買決策，是基於知覺價格、知覺品質、價值、犧牲等因素，價值的因素包含內部屬性(intrinsic attributes)、外部屬性 (extrinsic attributes)、知覺品質、及知覺損失。

內在屬性定義為屬於產品的實際組成，如成分、性質、大小、商品本身；外在屬性則包含價格、信譽、廣告、店裝、圖文標誌、產品保證、售後服務等，是產品以外的屬性；人們在消費產品時，也是在消費內在屬性與外在屬性，Zeithmal 認為顧客會依賴內外屬性所傳遞的內在線索 (intrinicis cue) 和外在線索 (extrinsic cue)，作為評估產品的指標，受到線索的刺激後，產生對產品品質的知覺，再配合貨幣價值 (perceived monetary price) 及非貨幣價值 (perceived nonmonetary price) 的犧牲考量後，形成知覺價值，最終由知覺價值的高低決定購買行為。

7-6　知覺風險與知覺品質

對知覺風險的定義 (perceived risk)，自從 1920 年代，經濟學者提出風險 (risk) 理論後，風險的觀念逐漸被引申至顧客行為學科的領域中。

採用結構性分析有五個主要的討論主題：

1. 風險的本質。
2. 風險的類型。
3. 風險的衡量。
4. 顧客差異對知覺風險的影響（如人口統計、心理變數）。
5. 產品屬性對風險的影響。

在顧客行為領域中，有學者主張「知覺風險是顧客購買行為中，隱含著對結果的不確定性，這無法預知的結果就是風險」，風險包含兩個構面：

1. 事前的不確定 (uncertainty)，例如：COVID-19（嚴重特殊傳染性肺炎）2019 年末於湖北省武漢被發現後，2020 年蔓延全世界。大家都擔心隨時染疫，不敢出門，也造成百業蕭條。

2. 錯誤決策必須承擔的不利後果 (adverse consequence)，例如：選擇錯誤的減肥商品，買後破財又傷身。將不利後果定義為「損失的嚴重性」，損失越大風險也越高，顯然的人們都有避險的天性，損失越高形同決策障礙也越高。顧客會發展出自我的決策法則，並在無法正確預測結果的情形下能夠安心購買。

知覺風險是顧客在購買決策中，不確定性的後悔程度與不利結果的可能性。行銷業者欲思考降低風險的策略，可由降低不利後果的嚴重性及減少損失的發生機率開始。

顧客行為領域的研究應針對主觀的風險（知覺風險），因為個人只會處理其主觀知覺到的風險，雖然真實世界中有風險存在，然而顧客若未知覺到，其決策不會受到該風險的影響。

一、知覺風險類型

對於顧客的知覺風險，學者提出的衡量構面多數均以 Jacoby and Kaplan 的理論為基礎，包含六種類型：

1. 績效風險 (performance risk)

指產品績效是否達到宣傳單或預期的功能。如空氣清淨機可能降低感冒機率嗎？

2. 財務風險 (financial risk)

指產品無法正常使用時的金錢損失，包含事後維修或更換產品時的損失。如房屋住進後是否抗震、不漏水，每月管理費金額是否合理？

3. 社會風險 (social risk)

指購買產品後因他人的不認同或拒絕時的困窘。如買了風格不搭的衣服穿著後，被譏笑為沒品味。

4. 心理風險 (psychological risk)

糟糕的產品選擇對於自尊或自我知覺產生傷害。如買到假品，對自我專業判斷力產生懷疑。

5. 實體風險 (physical risk)

使用產品時造成的身體傷害。如海沙屋的輻射線傷害、汽車爆胎、爆裂的洗臉台割傷身體，或手機充電自燃引起住家的損害。

6. 時間風險 (time risk)

指購買不如預期時浪費在產品搜尋的時間成本。如到離島旅遊遇到天候不佳，必須更換交通工具，已經難以有寬裕的時間準備。顧客通常面臨想要購買某產品卻又猶豫不決的窘境，因為他們害怕決策後可能會遭受某些嚴重的損失，風險的衡量構面，提供了邏輯性的思考給行銷者，進一步了解到，顧客的擔憂包含了實質與無形的損失，而關於知覺風險的研究，各風險類型以績效風險的解釋變異度為最高。

二、知覺品質、知覺風險與知覺價值間的關係

Zeithaml 價格、品質、價值的模型中，提到了知覺品質、知覺損失與知覺價值的因果關係，其對於知覺犧牲的定義為顧客為了獲得某產品所必須負擔的貨幣性和非貨幣性支出。

知覺風險，則著重於精神的部分，利益與貨幣成本及精神成本模式，強調付出成本除了有形的貨幣，還考量無形的成本，如精神上的成本 (psychic cost)，其中所談的精神成本亦即是風險的部分，顧客的評估是知覺利益、成本和風險的函數，因此可以判定知覺風險與知覺價值間具有因果的關係。

Aaker 的不完全決策理論歸納出，資訊的阻礙、錯誤的訊息解讀、消費的失敗經驗，將影響完全決策的行為，不可避免的知覺風險也會受影響，例如新產品上市，資訊的不足使得顧客缺乏產品知識，此時顧客知覺的風險明顯增高，微軟 Windows 新系統推出時，使用者會存疑作業系統是否已穩定，新的介面可能須花費許多時間學習，因為資訊的不完全導致知覺風險增高。

多數的研究已證明知覺品質、知覺價值與購買意願的正向關係，所以了解知覺價值，將幫助我們理解顧客決策時的首要因素；不過，彙總知覺品質、知覺價值的研究發現，雖然延伸對於前因變數的研究，不過大多著重於價格（價格建構、參考價格、價格區間）、製造商本身的行銷手法（型態、贈品）、通路別（自有品牌、通路差異、虛擬與實體）對知覺價值的影響，對於產品創新的變數對於知覺價值的影響，則有待加以實證。

產品創新可以降低顧客的知覺風險疑慮，並提升顧客的知覺品質與知覺價值，顧客對於產品創新，有較高的知覺品質與知覺價值，且創新產品可以降低顧客的知覺風險。另外，對創新產品的屬性加以分析顯示，視覺創新產品的影響效果最好，其次為功能創新，因為視覺創新，使產品的內在訊號轉換為外在訊號，提升了訊號與品質聯結的強度，故採用創新產品策略，可以降低知覺風險，進而提升顧客的購買意願，此外視覺創新的策略將優於功能創新。

7-7　知覺品質與品牌個性

「品牌個性」(brand personality) 影響顧客態度，顧客利用品牌的個性之知覺品質進行自我表達和經驗品牌的情感利益。顧客傾向使用與自身個性相仿的品牌，或是與自己所期望的個性相同的品牌，以品牌個性來展性自我的感覺。

品牌個性提供自我表達的好處，是建立品牌與顧客關係及區隔的基礎，沒有個性的知覺品質，品牌是很脆弱的，特別是差異性低的產品。

例如：在賣場採買衛生紙時，你會特別指定 kirkland、舒潔或五月花嗎？或是你記得家裡目前所使用衛生紙品牌嗎？當五月花推出「厚磅抽取式衛生紙」，舒潔也隨即推出「喀什米爾四層抽取式衛生紙」，主打都是迎合消費者對「抽取」的偏好，從二層一張到四層一張，價格也加倍。當品牌個性差異不再，消費者比的就是使用感受與價格了。

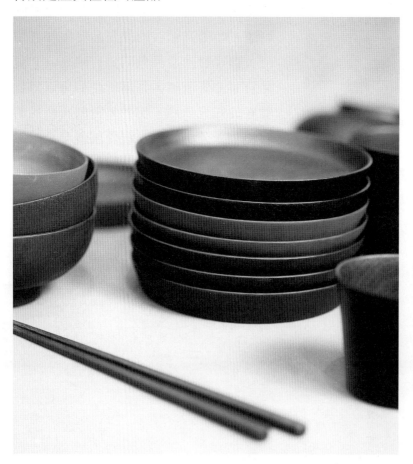

➡ 圖 7-3　光山行第三代賴信佑重組 1946 年由爺爺賴高山先生創立的公司，讓大家能透過使用，感受漆器的美好，體會「用即是美」、「用物見心」的核心價值，期望讓漆器重新回到市場。（資料提供：光山行）

品牌知覺品質與廣告，是產品高度同質化時代的消費完全指標，品牌個性也是因此而塑造出來的，品牌個性和品牌關係可用來衡量品牌價值，透過品牌個性的塑造，能使產品有異於競爭對手進而增加品牌價值，檢視顧客與品牌的關係型態，則使業者了解旗下品牌在顧客心中有無特殊意義，然而企業欲塑造的品牌個性，可能會因為世代間彼此的差異而有不同的解讀；此外，由於品牌個性和品牌關係可能具有關聯性，故顧客於品牌呈現的關係，也可能因世代的差異而有不同的風貌！

顧客傾向使用與自身個性相仿的品牌，或是與自己所期望之個性相同的品牌，以品牌個性來展現自我的感覺，而品牌個性的配對也是相當重要的，品牌個性配不配對品牌聯盟成效具有顯著的影響與差異，當兩品牌的個性越適配，品牌聯盟所產生的品牌權益提升效果越好。

➡ 圖 7-4　亞典菓子工場年輪蛋糕，用五心創造品牌價值。「用心」製作蛋糕，讓消費者可以「安心」食用，「放心」的送入「關心」的人口中，以贏得親友的「歡心」。（資料提供：亞典菓子工場）

品牌通過令人難忘的、獨特的、頗具魅力的個性色彩的建立，並通過行銷（營銷）傳播手段的渲染，具有了典型的心理象徵性，從而巧妙地吸引了具有對這種象徵認同或本身即帶有類似心理的消費者。呷七碗以臺灣特色小吃與糯米產品（油飯、米粉）為訴求打響名號，成為臺灣首間進入 7-11 銷售 4℃鮮食的品牌，進入冷凍年菜販售後，吸引一批對「好產品」有要求的消費者跟隨。佳麗果物股份有限公司是全臺唯一同時擁有四大認證：有機認證、HALAL（清真）、ISO22000、HACCP 的果乾、果茶標準工廠投入果乾研究已十年。

比利時ITQI國際風味暨品質評鑑

ITQI標榜網羅多位米其林首席廚師與品酒大師，風味評鑑專家來自20多個國家，透過這些專業人士根據5項國際喜好感官分析標準（AFNOR XP V09A標準）的系統方法評估各種產品的感官質量：視覺，嗅覺，味覺，厚度（食品）或餘韻（飲品）進行盲測，利用獨立公正的評鑑機制，向全球各地頂級美味的食品與飲品授予獎項。

佳麗果物紫韻蘭花茶
榮獲2021 ITQI
風味絕佳三星殊榮

三星獎章：評分超過90%。
二星獎章：評分在80~90%之間。
一星獎章：評分在70~80%之間。

➡ 圖 7-5　佳麗果物紫韻蘭花茶，榮獲 2021 比利時 ITQI 絕佳三星殊榮。（資料提供：佳麗果物）

知覺品質可以從品牌任何一個層面衍生出來。蘋果麥金塔電腦(Mac)的「給重視科技的人用的電腦」的品牌個性和定位，無論是在產品硬體或是軟體方面，都有創辦人賈伯斯 (Steven Jobs) 的特色。

庫克接班的 10 年，蘋果營業額都是數倍成長，他也願意為了市場妥協，推出消費者期待的商品，例如大螢幕的 iPhone。知覺品質與品牌個性在較為實際的日用品產業方面也具有影響力，品牌個性通常源於該項產品本身的功能。一個品牌的使用者也可以成為知覺品質與品牌個性的來源。

顧客自我概念與知覺品質與品牌個性之一致性越高，顧客對其品牌之購買意願會隨之增強。部分品牌個性因素之一致性變數對購買意願具有顯著性之正向影響。男性顧客其自我概念與部分品牌個性之一致性較女性顧客為高，而其在象徵型與綜合型產品上較會發生。

對於實用型產品而言，顧客較不會因不同品牌之品牌個性與其自我概念之一致性的差異，而導致其購買意願的不同。但對於象徵型及綜合型的產品而言，顧客較會因不同品牌之品牌個性與其自我概念之一致性的差異，而導致其購買意願的不同。

從某些角度看來，品牌個性比品牌其他的元素來得更為真實，因為它伸出雙手去擁抱每一位顧客。這也是為什麼品牌個性通常形容成品牌擬人化後的模樣。

形容品牌個性時通常會依照我們形容彼此的方式來表達，因為真正的品牌是有生命的，在我們的生活中各自扮演不同的角色。品牌個性就是品牌生命形於外的特徵。

當顧客將一個品牌列入購買考慮時，這個品牌在顧客的記憶裡播下了種子，但是該產品不一定會和這位顧客產生情感上的聯繫。讓品牌活起來，變得

通人性又善解人意的祕訣，就在於品牌個性。

品牌個性如何為人所接受，要看接受的對象，也要看品牌傳遞出什麼樣的訊息。

以知覺品質為品牌形象主軸的品牌以服務業居多，因為當產業所銷售的並非實質的商品時，建立信心在提供者身上就變得益加迫切。這些品牌定位在它們是值得信賴的企業，因此這種品牌也顯示出相似的個性。

手手企業社 HANDS 體會到臺灣傳統技藝＝文化價值＝生活的脈絡，於是從東方美學結合臺灣工藝的品牌定位出發，與彰化埔鹽豐澤村的陳忠露師傅合作，改造長柄的雞毛撢子；「手手」先找到最早白色雞毛撢子的來由，是由廟宇訂製做為媽祖出巡的法器，出巡陣頭最前鋒廟方人員拿來開路的器具就是由陳忠露師傅製作，於是與陳師傅討論，希望讓產量極少的白羽，轉化成為生活用品讓大家使用，於是發展出「白色之戀」。

手手企業社再與彰化鹿港永茂木器合作窗花系列。永茂木器早期大量製作室內建築材料，累積了許多木製花窗的技術。「手手」透過設計巧思讓花窗的技藝與意涵不再只是大體積的建材，讓

木頭轉彎，縮小成為日常生活的花窗生活用品。也因為看到擺飾只能是產品的

附加價值，必需重視生活的實用性，才能讓品牌長久並被市場接受。

➡ 圖 7-6 「白色之戀」是由罕見的白色雞毛製成的雞毛撢子。手手企業社從陳忠露師傅製作的長柄雞毛撢子與馬祖出巡鎮煞的傳統意念出發，改造成實用的短版食用版，用來清除桌面與鍵盤的，既實用又輕巧。（資料提供：手手企業社）

➡ 圖 7-7 「花伴鎖匙架」，翻玩花窗的極限，從永茂木器建材轉化成為生活用品。將木藝花窗，結合日常生活實用收納小物，成為實用的花窗鎖匙架。手手企業社切削木頭彎折成花瓣形狀，變身為壁上的鎖匙收納架。（資料提供：手手企業社）

CHAPTER

08

品牌延伸
——擴增品牌價值

8-1 緒 論

想降低新產品策略的風險，可藉由採用高知名度的品牌名稱來達成。其中，產品線延伸或品牌延伸都是藉由一個既存的品牌來推出新產品。產品線延伸是在相同的產品類中，以已建立的品牌名稱推出新產品，這個新產品與母產品將僅存在如口味、包裝尺寸、等級規格等設定不同，譬如豐田 TOYOTA 與凌志 LEXUS 即是。

主機板與手機、個人電腦與液晶電視、冰箱與筆記型電腦、球鞋與流行服飾、電視購物與 SPA 館……，這些看起來似乎沒有什麼絕對關係的產品，在品牌延伸策略下、在購物台與聯名銷售的推波助瀾下，卻能彼此拉抬各擁一片天。這種將電腦主機板、筆記型電腦、手機甚至液晶電視等等不同的產品串連在一起，將在某一個產品類別已經建立起來的品牌名稱，使用到另一種產品類別上，就是品牌延伸 (brand extension) 策略。

為降低推出新產品的成本，越來越多的企業採用產品線延伸來達到新產品成功上市的目的，顧客面對產品線延伸時的反應，將受所有權狀態所影響，所有者會對持有的物品產生比非所有者有利的態度，而這有利的態度將延續到延伸產品。

顧客對於品牌的認同程度，也會影響到其對延伸產品的看法，例如當顧客認為擁有的某品牌能代表其自我印象中的尊貴形象時，顧客通常較偏愛該品牌向上延伸以維持該尊貴形象。

由於廣告效益達成的成本高漲且通路取得不易，使新品牌導入市場的成本和風險相對提高，因此以「品牌延伸」方式進入新市場便成為廠商常用的行銷策略，顧客受品牌延伸而影響的，如品牌聯想、滿意度、知識、延伸的適合程度的正面與負面因素等反應。

品牌延伸可視為確保競爭優勢而有力的工具，在品牌延伸的探討中，品牌個性的一致性是決定延伸成功的重要因素之一，而品牌延伸是公司產品獲利的主要策略之一。

企業決策者在品牌延伸策略中，除延伸產品決策外，亦必須決定如何進行延伸，因此「延伸方式」係品牌延伸的必要元素之一。由於產業分工精細化與專業化，以及組織互動日趨頻繁與中小企業資源受限，延伸方式不僅限於單純的自行生產，包含了委託代製、品牌授權等不同型態，使得此一決策更複雜；而由於延伸方式包含了核心品牌商之於延伸的技術能力、品質控制等訊息，可能會影響顧客對品牌延伸的知覺，其消費面之影響效果亦不容易輕忽。

品牌延伸尚未風行之前，企業界經常致力於新產品研究開發，以滿足市場需求及占有市場，進一步追求企業成長，但新產品開發風險甚大，上市失敗率日益增加，由於市場競爭劇烈，分配通路競爭日高，廣告成本支出上升、財務壓力、降低風險與減少成本，使新產品開發上市成功之機會日益降低。

新產品上市成功機率降低，許多企業必需積極運用企業原有品牌開發不相同產品類別之產品線延伸策略，產品線延伸已具有「品牌延伸」之策略意義，但產品線延伸係於既有產品類別上進行延伸，常因相同產品線上類似產品項目之間相互取代，對既有市場產生競食現象，使得新增市場占用率及利潤均相對有限。

➡ 圖 8-1　呷七碗推出經臺安醫院健康發展部審定的花椰菜米。
（資料提供：呷七碗）

8-2　品牌延伸之意涵

品牌延伸係公司利用現有的品牌，推廣新產品類別的產品，例如：台塑從塑膠業跨入石油業。對很多公司而言，品牌延伸是一種極為重要的策略成長方式，因為不少調查顯示，新產品上市除了 90% 採產品線延伸 (product line extension)，使用相同的品牌於相同產品的不同類型如不同顏色、尺寸大小、口味等之外，5% 是品牌延伸的方式，5% 使用新品牌。

以華碩電腦為例，最早從事個人電腦主機板製造與設計，企業定位為「主機板專業設計公司」，1997 年雖然在各界不看好的情況下，仍然推出筆記型電腦，並以「品質、沉穩、務實、可靠」的品牌性格，訴求「華碩品質、堅若磐石」，成功的由一個 B2B 的品牌轉變成 B2C 的品牌，在品牌打造上跨出很大的一步。隨後華碩更推出行動電話手機，請韓國「最帥鬼怪」孔劉當代言人，也為遊戲玩家推出筆記型電競電腦。

華碩所採取的品牌延伸策略，是一種企業品牌 (corporate branding) 策略，主要的優點在於可以發揮整家企業行銷力量的規模經濟，創造品牌價值的效率，降低打造一個新品牌所需的行銷成本。

臺灣大多數的公司都採用此一品牌延伸策略，例如：宏碁 (acer)、捷安特 (Giant) 新光 (SK) 等。國外也有不少企業採取這種品牌延伸策略，例如：耐吉 (NIKE)、戴爾 (Dell)、三星 (Samsung) 等。

企業從事品牌延伸的原因很容易了解，光在臺灣，企業創造一個被記得的品牌起碼要花費上億元以上，而且失敗機率很大；反過來說，將一個已經成功的品牌掛在不同的產品類別上，則可以節省大量的行銷成本，大幅提高新產品上市的成功機率。所以品牌延伸是企業為了發揮企業資產槓桿時，一種再自然不過的策略作為。

對於「品牌延伸」之意涵與觀念之探討，部分學者認為品牌延伸係公司應用現有品牌（又稱原品牌、核心品牌）延伸至不同產品類別，與產品線延伸於現有產品類別之意義不同。

另外傘狀品牌若有產品發展順序則類似品牌延伸，若產品同時發展，則非品牌延伸。

有學者將產品線延伸與品牌延伸混著使用，依原品牌與延伸品牌間之相關程度將品牌延伸區分為近距延伸和遠程延伸，亦有區分為獨有品牌延伸、公司品牌延伸、部門品牌延伸，家族品牌延伸。品牌延伸亦可能會發生品牌稀釋 (brand dilution) 之現象或競食 (cannibalization) 之副作用，甚至於傷害整體品牌系統之負面效應。

Blackston 探索品牌權益之質性構面，提出「品牌意義」以衡量「品牌關係」之觀念，而「品牌延伸」係延伸至完全不同「品牌意義」之範疇，其認為品牌延伸會改變「品牌意義」及「品牌關係」，容易造成品牌價值稀釋之現象。

而應急 (quick-fix) 之品牌延伸，短期雖然可能增加品牌之銷貨收入與品牌價值，但長期而言，由於上架成本上升及相互取代而競食撤架，且對長期品牌發展造成資源分化之現象。品牌延伸面臨的最大挑戰是，由於不經意的改變品牌意義，造成品牌價值流失，形成品牌權益的稀釋。

品牌延伸之意義係以顧客基礎為觀點，不論其為產品線延伸、品牌延伸或傘狀品牌策略，凡經由原有品牌（核心品牌）延伸而改變顧客心目中品牌對其之「品牌意義」、或改變顧客心目中品牌對其之「品牌關係」者，均是品牌延伸；若不會改變「品牌意義」、「品牌關係」者，則非顧客基礎為觀點之品牌延伸。

8-3　品牌延伸優點和缺點

一個高價值的品牌名稱，有本錢拿來做為自家企業其他產品的品牌延伸，或授權給其他企業行銷某些產品於本國或海外，的確是一個很誘惑人的策略選擇。不過在思索品牌延伸時，應該考慮此一策略可能的各種結果。

1. 好的結果，此一品牌名稱有助於被延伸的產品類別，這是「子因母貴型」。

2. 更好的結果，此一品牌名稱不但有助於被延伸的產品類別，而且還因被延伸的產品類別而獲益，這是「母因子貴型」。

3. 壞的結果，此一品牌名稱無助於被延伸的產品類別，這是「子不因母貴型」

4. 更壞的結果，此一品牌名稱因被延伸的產品類別失敗，失去一個創造新品牌的機會，而且還傷害到原來的好品牌，品牌價值因此被稀釋，這是「母因子賤型」。

品牌延伸策略可利用既有品牌優勢降低新產品失敗風險，故企業應用相當廣泛，尤以風險承受力低的中小企業更甚，其範疇從同類或相似產品的延伸到不同產品類別的延伸，甚至跨產業的延伸，已儼然成為一個策略的連續帶。雖然品牌延伸策略已越見盛行，卻無法保證策略一定成功，品牌延伸的失敗率仍相當高；延伸也可能會競食原有產品的銷售及稀釋母品牌。

品牌經營人員對於品牌延伸策略廣為接受且不斷運用，主要是著眼於此種策略能為公司帶來不少利益；但是品牌延伸策略並非萬無一失，其引發的缺失可能導致企業原本建立起的品牌資產付諸一空，這是品牌經營人員應極力避免的。

品牌延伸策略存在四大利益：

1. 品牌延伸可以應用原品牌資產

原品牌已具備的知名度、知覺品質、品牌聯想、及顧客忠誠等資產，一旦成功轉移至延伸產品上，能使顧客加速認識及了解延伸產品的相關知識。如果原品牌的背書能有效降低顧客對延伸產品的知覺風險，亦能提高其購買意願。

2. 品牌延伸可以擴大原品牌的銷售

延伸產品的出現不僅增加原品牌的曝光率，並且強化原品牌具備的聯想，可以鞏固原品牌形象，甚至進一步開發新客源，擴大市場範圍。

3. 品牌延伸可以減少延伸產品的上市費用

原品牌已具備的強勢基礎，能協助延伸產品爭取通路據點與上架空間，且綜效的產生將提高廣告效率。

4. 品牌延伸可以降低延伸產品的失敗風險

由於產品牌的利益與訴求已被市場認同，移轉至延伸產品上，有助於降低延伸產品失敗風險。

行銷實務上曾發生品牌延伸的利益僅能是短期的，即使延伸產品借助原品牌之力可以立即取得知名度、熟悉度及銷售佳績，但這些利益很快就會消失，因為從品牌定位的角度而言，延伸產品只是原品牌的附屬品，並沒有在顧客心中建立其獨立的定位，所具有的品牌資產如果並沒有進行強化，效益不能持久，自然容易就被顧客遺忘。

品牌延伸的缺失係品牌延伸使用不當引發的反效果，可能影響延伸產品，亦可能波及原品牌：

1. 對延伸產品造成負面聯想

如果原口牌與延伸產品的契合度不足，或者由於原品牌的知覺品質不佳，都會引發顧客對延伸產品負面聯想，例如 Levi's Strauss 進軍男性西裝市場卻銷售不如預期即為一例。

2. 對原品牌銷量造成自蝕效果

品牌延伸的結果如同翹翹板原則，及延伸產品的成功必須犧牲原品牌產品的銷售量，造成競食現象。雖然並非所有學者都認同此原則，但如果延伸產品的銷售量都是來自對原口牌銷售量的蠶食，將使原品牌權益受到嚴重的傷害。

3. 稀釋原品牌價值

延伸產品的陸續上市，可能導致原品牌形象分散、品牌聯想漸趨薄弱，原品牌在顧客心中的單一定位將變得模糊不清。

4. 錯失發展及建立新品牌的機會

沿用原品牌延伸放棄新品牌，便喪失了為該新品牌建立專屬形象和聯想的機會。

企業從事產品線延伸的優缺點：

優點：	缺點：
(1) 將市場區隔化，形成分眾市場。	(1) 較弱的產品延伸邏輯。
(2) 更滿足顧客需求。	(2) 較低品牌忠誠度。
(3) 擴展定價空間。	(3) 創意因此被限制 (underexploited ideas)。
(4) 充分運用剩餘產能。	(4) 不變的產品種類需求。
(5) 提升短期獲利。	(5) 對通路商的議價能力下降。
(6) 提高競爭強度。	(6) 為競爭者創造更多的機會。
	(7) 成本提高。

8-4　品牌延伸的影響因素

　　有關品牌延伸的影響因素，係對顧客對品牌延伸的評估過程研究，以確定顧客處理品牌延伸訊息過程中，有哪些變數影響其處理資訊動機與發現解釋聯結能力，可細分歸納為：

1. 核心品牌因素

包括品牌態度、品牌組合（品牌寬度、中介延伸、順序性延伸）、品牌品質組合變異。

2. 延伸本質因素

延伸產品屬性、契合、產品涉入。

3. 延伸方式因素

包括技術移轉、延伸困難性、自行生產、委託代製、品牌授權。

影響產品品牌延伸的成功因素，包括形象、關係、推廣、保證、契合度、延伸型態的配合、延伸時機。其品牌態度、品牌寬度、延伸產品之經驗屬性及契合對品牌延伸評估均有正面效果。

胡政源對品牌態度、契合、產品涉入、品牌忠誠度4個品牌關係與品牌延伸共同構面之分析探討，再度推論品牌態度、契合、產品涉入、品牌忠誠度對品牌延伸評估應該具有影響。

1. 品牌態度

品牌關係是指核心品牌與顧客間之關係，核心品牌係指，使用於既有產品中，較強勢且為顧客所知覺的品牌名稱或識別標誌，而顧客包括顧客及其他各式各樣客戶，但以顧客為主要關係對象。探討品牌關係之意涵與品牌延伸之相關文獻，認為品牌關係是顧客對品牌之態度及行為，以及品牌對顧客之態度及行為間之互動，由品牌態度與品牌行為兩構面組成；經由品牌延伸相關文獻探討品牌態度，學者多以顧客對品牌的整體品質知覺或產品效用或品牌情感來衡量品牌態度此構面，同時考量企業形象，故品牌態度與企業形象具有相似的觀念。

而核心品牌的品牌形象或顧客對核心品牌的態度直接影響品牌延伸評價。企業形象或品牌態度是所有研究變數中對品牌延伸評估影響最大者。品牌態度構面之分析探討，可以推論品牌態度、品牌關係與品牌延伸之間應該具有關聯性，同時還具有干擾之效果。

2. 契合

品牌關係既然是顧客對品牌之態度及行為，以及品牌對顧客之態度及行為間之互動顧客與品牌之契合必然是品牌關係重要的因素，品牌關係之關係密度構面即指良好品牌關係必須有契合之共同體感覺 (sense of community)，即認為最佳品牌關係型態為完美契合 (perferct fit style)，其中完美契合包括雙方之心理化學因素作用、情感、信任、及彼此相互性。

品牌延伸之契合是顧客對延伸產品的主觀知覺，不一定是延伸領域的真實距離，由交易成本觀點下品牌延伸決策之研究結果，指出除品牌態度、品牌寬度、延伸產品之經驗屬性外，契合對延伸評估亦有正面效果；故企業品牌延伸至與原有產品相關項目較易讓顧客產生契合知覺，品牌延伸較可能成功。

3. 產品涉入

將產品涉入視為干擾變項以研究品牌延伸評估，其所謂產品涉入意指顧客對延伸產品重要性、誤購風險性及表徵性的知覺。其對產品涉入之衡量，包括興趣 (interest)、風險

重要性 (risk importance)、風險機率 (risk probability)、產品賦予的象徵性 (signal) 與愉悅性 (pleasure)，係採取 Kaperer and Laurent 所發展之涉入剖面 (involvement profiles) 量表，並研究出產品涉入與延伸產品屬性、契合及延伸方式的交互作用亦對延伸評估有顯著影響。

品牌關係之活動頻率構面即指出顧客主動積極參與活動是良好品牌關係之品牌行為構面；活動是顧客購買與使用之頻率以及每日投入於與購買與消費無關之其他活動之程度，是觀察顧客主動積極參與之程度，是較深層的顧客產品涉入。

4. 品牌忠誠度

品牌關係是顧客與品牌雙向的忠誠度，品牌必須對客戶忠誠，故品牌關係必須管理產品本身特質與無形情感個性（如尊敬、一致、誠實）；Keller 對品牌關係之活動頻率構面指出顧客行為忠誠度 (behavioral loyalty) 是良好品牌關係之重要構面；行為忠誠度主要導因於該品牌重複購買與該品牌類別產品數量之分擔，品牌忠誠度是品牌權益的重要決定因素，品牌忠誠度對品牌權益水準的影響是來自知覺品質與品牌聯想對其影響。

品牌忠誠度屬第二層效果；品牌延伸大多數均以知覺品質為探討延伸評估主題；核心品牌知覺品質與配合度對品牌延伸評估具有交互作用，即配合度高，知覺品質越高，品牌延伸評估績效越佳；若配合度低，則未有正相關。品牌強度與延伸評估具有顯著正相關，顯示原品牌強度對上市品牌延伸購買意願有顯著影響，其原品牌強度係含括品牌忠誠度之原品牌特性在內；因此，品牌權益較相關之知覺品質、品牌強度、品牌專屬聯想等皆對延伸評估具有正面影響，而且品牌忠誠度構面對於品牌延伸評估可能具有干擾之效果。

由以上對品牌態度、契合、產品涉入、品牌忠誠度等 4 個品牌關係與品牌延伸共同構面之分析探討，再度推論品牌關係與品牌延伸之間應該具有關聯性，且品牌關係型態對品牌延伸評估應該具有影響。而且經由以上之分析探討，進一步亦推論品牌態度、契合、產品涉入、品牌忠誠度 4 個構面對於品牌延伸評估可能具有干擾之效果。

8-5　品牌延伸績效評估

對品牌延伸績效評估,學者使用最多的是顧客對品牌延伸的主觀態度,如品質知覺、喜歡或不喜歡、購買可能性,並且多以對延伸之顧客偏好態度與購買意向進行衡量,因顧客偏好態度與購買意向會影響真實購買行為;品牌關係乃由品牌態度與品牌行為為兩個構面進行衡量,故品牌延伸與品牌關係應該具有關聯,品牌態度對品牌行為亦有影響;其次是市場指標,如市場占有率、延伸產品存活率、利潤或利潤增加率、股價等。

根據圖 8-2 的品牌延伸評估過程模型,品牌知識是儲存於長期記憶之中,若先前的知識是以類別的形式儲存,則同一類別的產品即有共同的屬性及特徵,顧客會以現有的類別知識和新產品做比較之後,賦予此項新產品意義,這項研究也說明了顧客在評估產品延伸時,會以他現有的知識為基礎當成評估的比較準則,而此基礎通常是品牌名稱知識及延伸產品類別知識、當產品屬性與產品知識契合時,顧客較少處理特定屬性,並且較快完成評估。

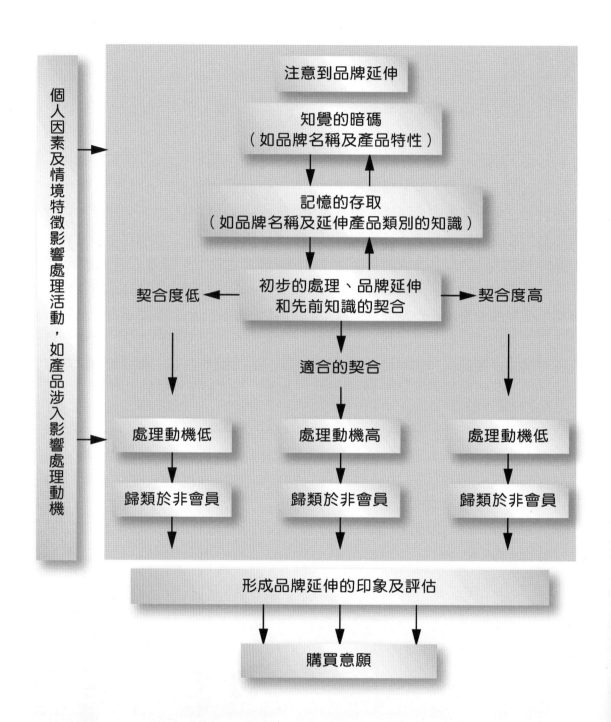

➡ 圖 8-2　品牌延伸評估過程模型。(資料來源：Park, Milberg, & Lawsonk, 1991.)

將品牌延伸時，品牌名稱轉換的成功因素分成三方面討論：

1. 知覺相似性

指原產品與延伸產品間的產品類別特性知覺相似或不相似。知覺相似性的基礎是建立在一些具體的屬性 (features) 上，相似的使用情境及共同的使用利益，或如產品互補性等其他構面。

2. 聯想顯著性

指產品和延伸產品間的聯想顯著或不顯者。顯著的聯想 (salient associations) 指的是一些比較容易被顧客想起的關聯性，這是將原有產品與延伸產品間的一些物理屬性、利益或用途做為指標。

3. 提示使用

指行銷上提示 (cue) 的使用與否。契合度提出品牌概念一致性 (brand concept consistency)，產品特性相似是指顧客在新舊產品間的具體特性上（例如：特性關聯或屬性配合）、抽象特性上（例如：使用情境）所知覺的關聯或相似程度，而品牌概念一致性是指延伸產品能反應原有品牌概念的程度。

當市場情況變得不太理想時，品牌經營者往往會試圖作品牌的垂直延伸，也就是將品牌帶往較高價或低價的市場，追求成長的企業，可能很難抗拒品牌垂直延伸的誘惑，它的吸引力確實十分強，而且有時垂直延伸不僅很有道理，同時也決定了企業的生死存亡。但必須小心的是，讓品牌進入高階市場或低階市場，比當初推出這項品牌的風險更高。

儘管如此，在某些狀況下仍需要垂直延伸。品牌經營者也許會發現，自己同時面對機會與威脅；而選擇垂直延伸，可能帶來更高的風險與成本。但值得一提的是，許多品牌都已經透過垂直延伸，而大獲成功。垂直延伸必須謹慎為之，品牌經營者必須謹記於心的是，在把握這個新機會時，品牌的挑戰將是充分發揮原品牌的優勢，同時對原品牌善加保護。

在採取垂直延伸行動以前，品牌經理營者應該確定報酬是否大於風險，實務上應盡量避免垂直延伸的作法，垂直延伸在先天上就有矛盾，因為品牌權益有很大的部分，是建立在品牌的形象與價值感上，但垂直延伸很容易會扭曲這些特質。

8-6　延伸擴大品牌空間

　　許多企業在品牌管理或延伸到不同品牌時吃了敗仗，行銷學者提出「品牌空間」(brand space) 的觀念架構，期望幫助企業達成更有效的品牌管理。

　　「品牌空間」由兩個層面構成：

1. 抽象 (abstraction) 程度：品牌和產品相互獨立而無關連的程度。

2. 意義 (enactment) 程度：品牌比較著重於產品意義或產品的功能。

　　在一開始，幾乎所有品牌的抽象程度非常低，品牌代表的是某個產品或企業，可是歷經時日，許多企業會試圖把品牌延伸至同類產品及其他新產品，這就是所謂「品牌傘」(brand umbrella) 的做法。

　　品牌的延伸往往會擴大品牌的抽象程度，例如「統一集團」(Uni Group) 最初以生產麵粉及飼料創業，到現在「統一超商」這個品牌代表的產品擴及食品業、統一速達（黑貓）、Duskin（樂清服務），甚至百貨業、藥妝店、星巴克等。

　　不論「統一集團」品牌被延伸至多少產業，它仍然具備原來的抽象特徵：誠實苦幹、創新求進。業務仍為食品相關之製造加工及銷售、並跨入零售、物流、貿易、投資等領域。

　　根據這兩個層面，可以定義出由「抽象／具體」及「意義／功能」兩個主軸，所構成的四個象限品牌空間，並進而獲得下列四種品牌定位：

1. 具體功能品牌

　　品牌和產品的具體功能息息相關。例如「旅電」，是臺灣在地新創，自己做軟硬體研發，有別於過往出門攜帶線材尋找插座，卻陷入無法移動的窘境，旅電藉由設立在大街小巷的共享行動電源租借站，提供甲地借乙地還的創新便捷充電服務，並致力於推動電池環保共用的循環經濟。

　　旅電讓手機充電不再受限於時間與地點，讓充電帶著走，生活愉快不斷電，並且透過借電與還電產生的大數據，創造品牌行銷應用的參考基礎。

➡ 圖 8-3　旅電共享行動電源，是可以陪伴一起旅行的行動電源，隨借隨還，滿足 3C 使用族群，屬於符合市場需求的新創品牌。（資料提供：旅電）

2. 具體意義品牌

　　品牌和產品之具體意義具有相關，但同時也對顧客代表特別意義與身分識別，例如「哈雷機車」、「LV 精品」。這種品牌雖同樣難以延伸應用至其他產品，但由於對顧客代表特別意義或身分識別，故可以訂定高出其功能價值的價格。

3. 抽象功能品牌

　　品牌和產品沒有太大關連，但和產品功能相關，因此，許多企圖把這種品牌延伸至不同類別產品的企業都遭遇失敗。比較成功的做法是，把這種品牌擴大延伸成為家族產品品牌，例如許多顧客一看到賈伯斯和庫克以及「Air Pods」，自然就知道它們是蘋果公司 (Apple Inc.) 的產品。

4. 抽象意義品牌

　　品牌和產品沒有太大關連，但代表特別意義或識別，例如「保時捷」、「蒂芙尼」(Tiffany)、「迪士尼」。這種品牌定位很可能為企業提供非常大的產品延伸彈性。

了解企業品牌目前居於品牌空間的哪一個象限，能幫助企業更容易管理品牌。在尋求變換品牌空間定位時，必須留意以下幾個原則：

1. 任何品牌空間定位的變動都必須非常謹慎，因為可能因此而失去原先的核心使用者。此外，顧客心中對品牌的定位很難改變。

2. 通常，沿著相同主軸的品牌空間定位變動，比跨主軸的品牌空間變動來得容易。也就是說，最困難的變動是企圖從「具體功能品牌」變成「抽象意義品牌」，或從「具體意義品牌」變成「抽象功能品牌」。

3. 「從抽象變成具體」比「從具體變成抽象」容易；「從意義變成功能」比「從功能變成意義」容易。

➡ 圖 8-4　臺南日曬麵品牌「村家味」研發的彩色米豆簽，榮獲 2012 年臺南市伴手禮。村家味是三代蘆薈家族，產品已經行銷國際。（資料提供：日日學文化）

➡ 圖 8-5 「埔里生態農場—晏廷歐亞農場」有專精的生菜培育、生產技術跟高品質高產量的市場優勢。農場的生菜都是從國外進口,價格是臺灣土產生菜的 6 倍以上,卻有獨特的市場競爭優勢,打造出廚師們的生菜王國。圖片是深受歐美主廚喜愛,來自羅馬的羅馬花椰菜。(資料提供:曹馥蘭)

➡ 圖 8-6 自然本質花草皂,採集臺灣本地植物,提供給肌膚純淨的滋潤與保護,塑造沐浴是一種回歸,回歸到最自然的本質,品牌因此而命名。(資料提供:自然本質)

MEMO:

品牌專屬資產
——保障品牌價值

9-1 緒　論

Aaker 認為品牌權益之來源與組成為品牌知名度、知覺品質、品牌忠誠度、品牌聯想、其他專屬資產，其他專屬資產，包含專利權，商標權、通路關係 (channel relationships)，可以成為品牌建立無法取代的競爭優勢。通常專利權可以避免與其他廠商直接競爭；商標權則可防止競爭者以類似的名稱、標誌、或包裝混淆顧客的知覺；另外，通路關係可藉由產品過去的績效表現，並透過品牌把關而有所控制，這些資產具有不易被模仿的特性，並且使得企業的品牌與競爭對手的品牌有所區別。

Aaker 提出了品牌權益的內涵如圖 9-1 所示，其顯示品牌權益包含：品牌忠誠度、品牌知名度、知覺品質、品牌聯想和其他擁有的品牌資產等內容。

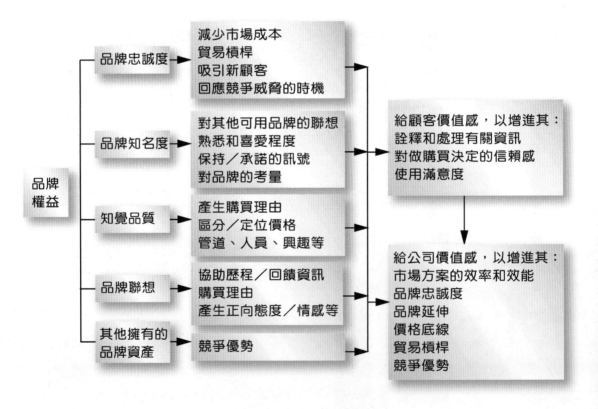

➡ 圖 9-1　品牌權益內涵。(資料來源：Aaker)

9-2　專利權專屬資產

　　根據 Aaker 模式，將品牌資產分為五大類，其中的「品牌其他資產」就是所謂的「品牌專屬資產」。

　　人類社會之進步，端賴全體人類之共同努力，唯有每個人將其竭盡心力所創獲之智慧結晶提供於大眾，社會水準始得向上提升。惟因一己之私，大多數人選擇加以隱瞞、而不會輕易向他人洩漏其獨門絕活，如此一來社會即無法因該發明而有所進步。為就個人智慧財產與社會利益作一協調，專利制度乃應運而生。良好的專利制度有以下優點：

1. 發明人之智慧財並不會因為向大眾公開而喪失，故其願意將其發明公開，大眾亦因該智慧財之公開而受惠。

2. 發明人將更容易從大眾獲取智慧財之對價，故將更樂於致力於創新之研發，而成一良性循環。

　　而所謂良好的專利制度，不僅著重於國家授與專利權，於專利權受侵害時之處理亦不得經忽，以免使專利權成為空洞化之權利。由於技術變動加速，國內外的競爭力加劇，生產力提升的壓力加重，對每一公司和產業而言，成功的創新發展新產品或新的生產方法，已成為企業體質能否維持健全的主要因素。智慧財產權制度，除了專利制度外，在我國與外國皆尚有其他形式的製作財產權保護制度。以國家的立場，國家設置專利制度之最直接的原因，即是係希望以給與企業或個人經濟上利益回收之期待，來刺激發明人及其僱用人，以貢獻其時間與金錢於技術的創新。

　　此外，藉著防止仿冒，專利制度亦期望能激勵發明人，負擔必要的風險來促進新產品之推出。因而，專利權證書，係由政府主管機關依法授予發明人或其繼受人合法的、在一定特定期間內、排他的、實施其發明、新型，及新式樣之權利的官方文件，專利權期間屆滿後專利權隨即消滅，該發明、新型或新式樣內容可以被任何人公開自由使用。我國專利法所稱專利包括發明、新型及新式樣三種。因專利制度具有屬地性，除歐洲專利外，個別國家的專利必須向其國家去申請，以取得所希望取得之專利獨占權利。事實上，各主要工業化國家皆訂有專利制度。

（一）何謂專利

專利，即是一種專有之利益及權利，而申請專利之要件，是指在生產產業上具有利用價值而公開其發明創作之祕密，以取得某物品或製造方法之獨占特權，他人不得仿效。而政府為鼓勵、保護、利用發明及創作以促進發展，特制定專利法，申請人得依法申請專利，取得專利權。專利權的擁有，可保障發明（生產）者因研發而投下無數經費及精力，即享有合法壟斷性的獨占，防止他人仿冒而損失利益，確保產品於市場上無競爭對手。

（二）專利申請審查流程（主管機關－經濟部智慧財產局）

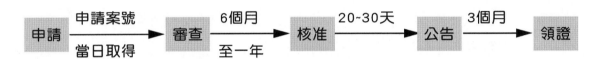

➡ 圖 9-2　專利申請審查流程（如有變更以正式公告為準）。(資料來源：https://www.tipo.gov.tw)

（三）專利所有權人應注意事項

1. 專利權人得以其發明之全部或一部分，有限制或無限制讓與他人或授權他人實施。

2. 專利權共有人未得其他共有人之同意，不得以其應有部分讓與他人。

3. 專利權讓與他人或授權他人實施，非經向專利專責機關登記，不得對抗第三人。

4. 專利權人逾應繳專利年費之補繳期而不繳費者，專利權自原繳費期限屆滿之日消滅。

5. 專利權人應在專利物品或包裝上附有專利標記及專利證書號數，並得要求實施權人為之，其未附加標記致他人不知為專利品而侵害其專利權者，不得請求損害賠償。

專利權之訴訟為告訴乃論，其告訴應自得知被侵害之日起半年內為之。

9-3　商標權專屬資產

商標是智慧財產權中（商標、著作、專利）最早發展的權利，且其發展是基於人類社會自然而然產生的，並非法律學家所創新。

商標最初為工業、商業上所使用的標示功能，用意在辨別辨識不同商品、商行之間的歧異。隨著時代的演進，商標的功能漸漸區分為四大項目：表彰來源、保證品質、廣告功能以及傳播功能。

商標保護的目的一方面固然在於保障商標權人的利益，但另一方面也在於保護消費者與維護競爭秩序。對於整個市場、社會、經濟的穩定有著相當大的重要性。

所以各國不論是否為資本主義的經濟體制，都必然會有商標法的制訂以及規範。

臺灣商標法在經過 2003 年的修正之後，引入相當多的前衛制度作為條文內容，在國際公約的規範之下以及 WTO 的制度之下，各種產業都必須學習去了解、適應這套新的法規範，期望藉由了解而能有所發展、適應。

品牌行銷與商標專用權的間的關係，事實上已密不可分。市場企劃人員除須規劃出成功的品牌外，對保護自創的品牌亦責無旁貸。事前完善的商標策略規劃，將有助完成商標專用權的國際化部署。「商標」乃表彰自己營業上商品之標識，其圖樣可由文字、圖形、記號或其聯合式所構成。

臺灣的傳統生產事業，多屬於生產銷售已普及技術所衍生產品為主之企業。若要技術升級，往高科技、高附加價值產品上發展，則須投資巨大的經濟資源於 R&D 或相關投資。另一方面，若我國希望維持傳統性之下游產業，則亦需要大量投資於高品質形象的建立，與提升自創品牌的工作。

品牌一詞並不當然等於商標，商標必得經各國商標主管機關審查符合法定要素而授予排他的專用權，而品牌形象不限於商標之文字、圖形、記號或其聯合式、如何區別品牌與商標是一大困擾。此外，品牌的使用是否即指商標的使用也極易產生爭議。商標使用有其法定要素，若遷就商標使用方式，與包裝設計往往格格不入，破壞其整體性，但若因而未按正常方法使用商標以表彰商品，則並不屬商標使用之行為，不過整體設計仍屬品牌設計，可稱為使用品牌。

（一）何謂商標

為表彰自己營業之商品，凡公司行號的名稱、標誌、圖案、產品名稱、商品包裝盒（紙）圖、及商品上的特殊圖式，皆可以申請註冊商標，國內目前商標制度，採先申請者註冊為主，使用為輔。故凡相同或近似之名稱或圖形且使用於同一商品或類似商品時，則先行提出商標申請者占較大優勢。商標一經核准，則享有專用權及排他權，他人非經商標權人同意，不可擅自使用。

品牌名稱 (brand name) 是商標的一部分，包括文字或數字，而商標包含了品牌所有有形資產（品牌名稱、品牌標示）。品牌名稱在命名時可選用人名、地點、品質、生活形象，或是自創一個名字等方式，為產品建構一個名字。

好的品牌名稱有助於建立品牌熟悉度，可以告訴顧客有關企業及產品的訊息。一個好的品牌名稱應有如下特性：簡短、單純、與眾不同、易於發音、認知記憶、容易辨識、悅耳。暗示產品的特性與利益、合法使用、無侵略性及消極的不因時間的變化而過時，注意在其他國家字義上的轉變、且能配合包裝、標籤廣告媒體的需要。

舉例臺灣之商標如下：

➡ 圖 9-3　商標之示範。

➡ 圖 9-3　商標之示範（續）。

（二）商標申請審查流程（主管機關－經濟部智慧財產局）

➡️ 圖 9-4　商標申請審查流程（如有變更以正式公告為準）。資料來源：https://www.tipo.gov.tw

（三）商標種類與年限

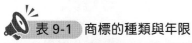 表 9-1　商標的種類與年限

商標種類	專用年限	申請條件
商標 （正商標）	自註冊日起 10 年	凡因表彰自己所生產、製造、加工、揀選、批售或經銷之商品所用之標記或圖案，均可申請正商標註冊，取得專用權謂之。故凡為表彰自己營業之商品，確具使用意思，欲專用商標者，應依法申請註冊。
聯合商標	依附正商標	同一人以同一商標圖樣，指定使用於類似商品，或以近似之商標圖樣，指定使用於同一商品或類似商品，應申請註冊為聯合商標。
防護商標	依附正商標	同一人以同一商標圖樣，指定使用於非同一或非類似而性質相關聯之商品，得申請註冊為防護商標。但著名商標不受商品性質相關聯之限制。
服務標章	10 年自註冊日起 10 年	非表彰商品，而係表彰自己在營業上所提供之服務，如教育、娛樂、餐旅……等之標彰；其註冊與保護，準用商標法之規定。故凡因表彰自己營業上所提供之服務，欲專用其標章者，應申請註冊為團體標章。
證明標章	10 年自註冊日起 10 年	凡提供知識或技術，以標章證明他人商品或服務之特性、品質、精密度或其他事項，欲專用其標章者，應申請註冊為證明標章。
團體標章	10 年自註冊日起 10 年	凡公會、協會或其他團體，為表彰其組織或會籍，欲專用其標章者，應申請註冊為團體標章。

註：資訊內容以政府公告為準

（四）註冊商標使用應注意事項

1. 無正當事由迄未使用或繼續停止使用已滿三年者，隨時遭撤銷之可能。

2. 授權他人使用而未向主管機關辦理登記或違反授權標示規定者，隨時遭撤銷之可能。

3. 廢止營業時，商標專用權當然消滅。

4. 專用權屆滿而未辦理延展註冊，其商標專用權當然消滅。

5. 公司名稱、代表人、印鑑、地址、等若有變更，應即向主管機關申請變更之登記。 註冊本國商標，其權力效力只限於本國境內。

（五）著名商標

　　世界智慧財產權組織自 1995 年起即致力於起草「著名標章保護條款」，用以供巴黎公約大會及世界智慧財產權組織大會採行後建議其各會員遵守。

　　在 1999 年 11 月議決之「著名商標保護規定共同決議事項」第一章第二條中提及著名商標之認定：主管機關應就各種足資認定為著名商標的情況加以考量，是否為著名商標，應考量因素有六種，但不以此六項因素為限。

1. 相關公眾知悉或認識該商標的程度。

2. 該商標使用的期間及使用地域範圍。

3. 該商標宣傳的期間及地域範圍；包括廣告及在展覽會、展示會的公開與陳列。

4. 該商標註冊或申請註冊的期間或地域範圍等足以反應其使用或被認知的程度者。

5. 該商標成功實施其權利的紀錄；特別指曾經主管機關認定（承認）為著名商標者。

6. 該商標相關的價值。

　　相較於一般商標，著名標章保護勢必有更高的門檻，因為著名標章本身必須具備良好的商譽，著名標章的保護不僅限定在已註冊的商標，範圍更及於未註冊但已使用的著名標章。

9-4　著作權專屬資產

　　著作權存在於任何特定有形表達媒體的原創作品中。文學作品（包括電腦程式）、音樂、戲劇、繪畫、圖片與雕刻、動畫及其他視聽著作與錄音，都受到美國著作權法的保護。

著作權擁有者具有執行與授權許多情形的專有權：

1. 複製作品。
2. 根據具有著作權的作品產生衍生性作品。
3. 以販售或其他所有權轉移方式、或出租、出借、長期租用等方式，來流通有著作權作品的拷貝、公開執行或展示有著作權的經營，以及輸入作品。

著作權公約：

1. 不買、不賣、不做違反著作法的商品。
2. 利用他人作品前，需徵求著作財產權人同意。
3. 合理使用他人著作時，應註明出處。
4. 享有著作權之網路資料，除符合合理使用外，未經著作財產權人同意，不為其他之利用。

著作權包括著作人格權及著作財產權，著作人格權，是用來保護著作人的名譽、聲望及其人格利益，包括有公開發表權、姓名表示權及禁止別人不當竄改著作，以致損害著作人名譽之禁止不當改變權等三種權利，其具一身專屬性，不可轉讓或繼承。

而著作財產權則可賦予權利人經濟利益，主要內容包括重製權、公開口述權、公開播送權、公開上映權、公開演出權、公開展示權、改作權、編輯權及出租權等權利，此等權利均可以轉讓或授權。依《著作權法》第 10 條規定，著作人在著作完成時即享有著作權，並不須向主管機關申請著作權登記或註冊。

因為著作人在著作完成時即享有著作權，所以有沒有申請著作權登記或註冊，並不影響著作權的取得，又為落實創作保護主義，著作權法已自 1998 年廢止著作權登記制度，因此，是否享有著作權，權利人應自負舉證的責任。

著作人可以透過保存創作資料、轉讓合約或公開發表之方式證明其享有著作權，又舉證之方式很多，並未限制一定方式。著作權包括著作人格權及著作財產權，著作人格權之保護。

視同生存或存續，任何人不得侵害。至於著作財產權，原則上，存續於著作人之生存期間及其死亡後五十年。但別名著作或不具名著作、法人為著作人之

著作、攝影、視聽、錄音、電腦程式及表演之著作財產權存續至著作公開發表後 50 年。著作權法保護的著作，須具有原創性，即須由著作人運用自己的智慧，技巧獨立完成；且其創意的要求不必達於前無古人，後無來者的地步，只須依社會通念係獨立創作即可。

因此，縱使與他人著作相似或雷同，如非抄襲他人的著作，而係出於各人個別獨立創作的結果，各人就其著作均得享有著作權，無侵害他人著作權的問題。如有侵害著作權之情事，得向經濟部查禁仿冒商品小組檢舉或請求協助，當事人亦得直接訴請司法機關求濟。

9-5　通路關係專屬資產

目前有部分代工廠商欲轉型兼作自有品牌，甚至將 OEM/ODM 與 OBM 分開經營，一旦要開始經營品牌，通路將是與顧客接觸最密切的窗口之一，尤其是當企業要以自有品牌西進大陸時，面對大陸寬廣且複雜的環境，如何以良好的通路策略接近其目標顧客可謂一個不得不慎的課題。

1.通路策略

通路關係為品牌與行銷通路建立起的特殊關係，行銷通路為一群相互依賴的組織的集合，其皆參與了使產品或服務可以使用或消費的過程，在此定義之下，不單是我們一般所熟知的製造商、配銷商、代理商、批發商、經銷商、零售商之外，物流中心以貨運公司(forwarder) 等皆包含在此體系之中。

即然通路是許多成員的組合，這些成員應該都有各自有其所應扮演的角色。執行不同種類的功能，以達到通路系統的共同目標－使產品或服務更容易被消費者所使用。而通路成員因為主要業務與執行通路功能不同，大概可以分為製造商、批發商以及零售商等三類：

表 9-2　通路角色所執行的功能

通路角色	通路功能
製造商	1. 顧客化產品的製造、設計；2. 新產品的開發；3. 促銷；4. 蒐集市場資訊；5. 信用與融資；6. 風險承擔。
批發商	1. 銷售；2. 促銷；3. 產品搭配；4. 批購零賣；5. 倉儲；6. 運輸；7. 信用與融資；8. 風險承擔；9. 蒐集產品與市場資訊；10. 管理服務、技術支援與咨詢服務；11. 物權所有；12. 訂貨處理；13. 重組與修改產品。
零售商	1. 銷售；2. 促銷；3. 產品搭配；4. 批購與零賣；5. 陳列展示商品；6. 倉儲；7. 運輸；8. 信用與融資；9. 風險承擔；10. 蒐集消費者資訊；11. 處理消費者訴怨以及退貨；12. 提供便利的交易時間與地點。

2. 通路設計

有很多可能的通路型態及安排方式可供選擇。廣義而言，他們可被區分為直接和間接通路。直接通路包括藉由信件、電話、電子郵件，個人訪談等來進行公司對特定顧客的銷售。間接通路則是透過第三團體媒介，如：代理商或經紀人、批發商或配銷商，以及零售商或銷售公司來銷售。

有關透過各種通路銷售的研究，至今眾說紛紜。雖然決策最終是根據不同選擇下的相關利益而定，但一些較特定的準則也已提出。例如：一項工業產品的研究指出，在以下情況應採用直接通路較好。

(1) 產品資訊需求很高。

(2) 產品顧客化程度很高。

(3) 產品品質擔保很重要。

(4) 產品的包裝的尺寸很重要。

(5) 後勤很重要。

另一方面，這個研究也提出間接通路在何時適用：

(1) 廣泛的分類是必要的。

(2) 可用性是不可少的。

(3) 售後服務很重要。

9-6　建立專屬資產的方法

選擇品牌專屬資產以建立品牌資產的基本原理須持續掌握。也就是說建立

強勢品牌仍然包括以一致性、互補性與聯合品牌專屬資產。整合來說，即品牌

具有顯著性、意義性、移轉性與保護性。所以，聰明的品牌經營人員將運用品牌專屬資產的全面功能來選擇鮮明的品牌名稱，以提供一些具體或抽象的利益。

商標、標誌或象徵物的視覺強化，和聽覺上標語或廣告曲的強化，以增知名度與形象。

表 9-3　業界常用來建立專屬資產的方法

專屬資產	業界常用的方法
特有的使用方法的專屬資產	公司特有的產品用方法、公司特有軟體、公司特有產品系列分法與使用方法、公司特有互補品使用方法、特有使用專利。
特有實質設備、軟體、或服務的專屬資產	系統 DIY 產品、特有耗材、特有公司規格、特有資訊系統結合、特有配方、特有備專利、特有軟體。
忠誠客戶的優惠的專屬資產	里程數累積優惠、集點紅利、累積金額優惠、紅標與綠標的定價策略。
無形的專屬資產	特有信用資產、特有買者知識、特有人際關係、特有溝通效率、特有生活依歸。
心理層面的認同的專屬資產	特有的品牌經驗、特有的品牌回憶；特有品牌心理意義。
特有無形社會壓力的專屬資產	品牌特有群體壓力、特有意見領袖吸引力。

資料來源：邱志聖，策略行銷分析。

　　品牌的這些其他專屬資產不管是有形資產或是無形資產對於整個企業來說是非常重要的行銷工具，美國典型品牌成功者如 Apple、亞馬遜 (Amazon)、谷哥 (Google)、臉書 (FB)、微軟 (Microsoft)、Walmart，它們成功的原因歸諸於他們的溝通工具較其他競爭者更具威力，這些品牌藉由大量廣告、毫不鬆懈的企業商標規劃傳達商業訊息，繼而成功占領市場。

9-7　自有品牌專屬資產

近年來在臺灣的量販店、超市、便利商店以及專門店中,越來越容易看見通路業者自行開發的商品,並且掛上商家自己的品牌,也就是所謂的自有品牌 (Private Brand, PB)。自有品牌基本上是零售業連鎖化、大型化之後的必要產物,因其能為企業帶來可觀的利潤與市場競爭區隔,故行銷人員實在有必要了解顧客對於自有品牌的態度以及其購買行為。過去的研究或調查多僅著重顧客的外部特性,例如人口統計變數,而忽略了顧客的心理特性。其實後者常會主導顧客對事物的態度,如果能夠充分了解顧客的態度,將可提供企業寶貴的策略性建議。

一、自有品牌的定義

自有品牌 (Private Brand, PB) 的定義:Ghosh 提出零售業的商品之品牌大致可分為三類:

1.

是製造商品牌,是指由製造商生產,並廣為消費大眾所知的品牌,故又為全國性品牌 (national brand)。

2.

是自有品牌 (private brand),意指零售商委託製造商代為製造商品,掛上零售商自身品牌。

3.

是一般性品牌 (generics),即指在產品上無任何商標或商品名稱,亦稱無名品牌 (no-name brands)。

表 9-4　自有品牌的定義

學者／出處	自有品牌的定義
零售業	
Retailer Business(1968)	◎消費者產品以配銷商利益為著眼，並以配銷者的名字或商標為名，透過自己的市場通路銷售出去的即為自有品牌。
鐘谷蘭 (1995)	◎自有品牌主要可分為兩大類，包括「公司自創品牌」及「公司標籤商品」。 ◎公司自創品牌」是市場尚未出現過的新商品，代表公司形象，毛利較高，較大金額的廣告支出。 ◎「公司標籤商品」是根據銷售情報挑選出市場銷商量較大的商品，委託代工廠生產 (OEM)。忠誠度較低，小額的廣告支出。
經濟學人雜誌 (1985)	◎零售業者的第三項市場力量來源，有別於一般製造商品牌之商品，標示有某零售商本身特有品牌名稱，且僅止於自身商店銷售的自有品牌商品。
野口智雄 (1996)	◎自有品牌商品是由流通業者各別開發產品，不同的商品品質、品牌名稱、標誌、標識語、包裝是它的特色。
Kotler(1996)	◎不屬於製造商，而多為通路下游的零售商擁有，稱為中間商品牌。
Quelch and Harding(1996)	◎經銷商自己的品牌。
資訊產業	
施振榮先生 (1989)	◎企業以自己的商標或品牌來生產及銷售產品，而自有品牌的來源包括授權、租用、購併或自己創造等。

　　綜合以上敘述，歸納出零售商自有品牌的定義為：零售商運用銷售情報，企劃設計欲開發商品的產品規格書，利用製販同盟或代工方式，委託製造商代為製造達一定品質水準的商品後，直接標示零售商本身商店名稱或商標的商品，僅限此零售商店銷售的商品。

二、自有商品的認知基礎

零售業的商品品牌有三種：

1.
製造商品牌：也稱為全國性品牌，指的是由製造商生產，並廣為消費大眾所知的品牌。

2.
自有品牌意指零售商委託製造商代為製造的商品，再冠予零售商自身品牌的商品而言。

3.
一般性品牌：亦稱為無名品牌，即是在產品上無任何產品名稱。

自有商品不同於全國性品牌（製造商品牌）主要差異如下：

1. 自有商品是唯一可以遍布整個賣場商品種類的品牌。

2. 自有商品是零售商唯一可以完全決定行銷手法、存貨規劃等決策的商品。

3. 自有商品必定是遍布在最好的架位上，且不需支付上架費用。

4. 自有商品可以將商品的價格減少部分完全移轉給顧客。

三、自有品牌發展

臺灣的自有品牌從價格戰走到價值戰。零售通路包括好市多、家樂福、全聯、愛買、美廉社、萊爾富、全家、7-11…等幾乎都有自有品牌。因為商品的價格更趨於親民，銷量為之提升。近年來通路自有品牌進化升級，因為物超所值，品項眾多，加上疫情期間網路購物盛行，自有品牌業績都倍數成長。不同通路開發自有商品的品項多達千百種，透過自有品牌還可以傳遞通路的價值與理念。加上民眾的支持度也提升，有的消費者甚至是自有品牌的鐵粉。

經濟部統計處指出，超市全年營業額首次突破 2,400 億元，年增 8.0%，已連續 19 年正成長。2022 年 4 月疫情又升溫，民眾自煮及囤購風潮再次發酵，該年 1~ 4 月累計營業額 816 億元，年增 13.4%，預期今年營業額可達 2,500 億元以上，續創佳績。

但在便利商店則由價格的競爭走向價值的競爭。便利商店也是先經營食品和日用品較無品牌差異的商品熟食、礦泉水、垃圾袋、爆米花、內衣褲、雨傘等，可是近年來除了進攻熟食之外，也開始著力於聯名商（食）品，先行整合製造商，共同開發便利商店品牌。

便利商店為爭取來客率及顧客忠誠度，除價格外另有便利性及新鮮感等主要影響因子，所以獨家商品或者是領先上市的商品，成為便利商店區隔競爭對手的策略。

但因為製造商品牌的商品要獨家販售或者領先上市，常需要不同的條件談判或者製造商也不願意配合，所以自行開發具有特色的包裝商品，成為現在便利商店的重要工作。是因為過去便利商店雖推動許多自有品牌，仍是以熟食或即食性產品為主（如飯糰、便當微波爐食品等）。

提升商品形象，將是維持零售業自有品牌持續發展的關鍵因素，也是刻不容緩的當務之急。而在了解如何提升商品形象之前，我們更迫切該知道的是：臺灣零售業自有品牌的商品形象在人們心目中定位如何？

鑑於目前零售業者競爭遠比過去激烈，顧客的價值意識高升，期望以更合理的價格買到品質更優良的產品，在此環境前提下，自有商品預計對顧客日漸重視「品質」甚於「品牌」的趨勢下日益茁壯，如何善用自有商品及自有品牌來建立連鎖店本身之忠誠度及向心力、實攸關商品營運之成敗。

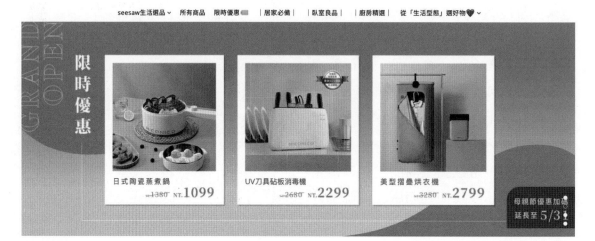

開站慶‧指定商品優惠

➡ 圖 9-5　創宇數位 (seesaw) 是一家提供數位內容的廣告代理商，有感於行銷的目的是幫助銷售，加上多年的數位行銷經驗，因此自己投入電子商務，成立自己的生活選品電商，與廠商合作，在電商上代銷，再以銷售分潤的方式創造雙贏。（資料提供：創宇數位）

CHAPTER

10

品牌關係
——經營品牌價值

10-1 緒 論

　　品牌，它不只是無所不在、隨處可見，以及具有各種功能；更以感性訴求與人們的日常生活有著密切的連結。唯有當產品、服務和顧客激發出感性的對話，品牌才能由此衍生出品牌的價值。

　　由於顧客使用品牌時，會加諸個人的情感因素而產生一些主觀的看法，某些顧客甚至會誇張品牌間的真正差異，除了因為信賴較熟悉的品牌之外，也因為此類顧客與品牌已經建立獨特的品牌關係，可見緊密的品牌關係，對顧客忠誠度的提升有所助益。

　　Aaker 研究如何建構強勢品牌，認為有 8 項因素使得建立強勢品牌（具有高量品牌權益者）甚為困難：

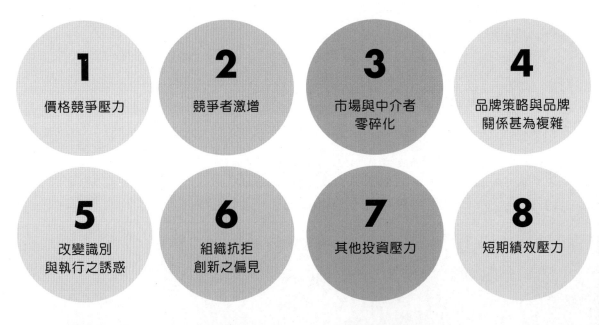

1 價格競爭壓力

2 競爭者激增

3 市場與中介者零碎化

4 品牌策略與品牌關係甚為複雜

5 改變識別與執行之誘惑

6 組織抗拒創新之偏見

7 其他投資壓力

8 短期績效壓力

　　品牌關係甚為複雜，以致研究不易欲建立顧客關係以創造品牌附加價值，首先應顧客導向，依顧客區隔徹底地了解顧客價值；而資料庫科技則應該槓桿應用於：

1. 了解個別顧客需求。

2. 個別化行銷溝通及推廣。

3. 與高價值之顧客建立有意義之關係。

品牌不只是製造商之產品，也是服務提供者及零售商之有效溝通工具，欲建立顧客導向之品牌附加價值，應發展「吾亦是 (me-too)」產品，與並顧客需求及生活型態進行最佳契合，而資料庫行銷可透過顧客資訊與知識，強化顧客與品牌之關係，以使企業獲得長期利益。

品牌權益結合 (coalition for brand equity) 可使行銷者重新聚焦於品牌建立，以防品牌權益日益衰弱，而品牌之建構必須發展 (developing)、防禦 (defending)、增強 (strengthening) 與持續 (enduring) 具有利潤的品牌關係，並以品牌關係策略進行顧客維持與保留，以取代傳統之顧客吸引活動。

Blackston 對品牌權益之質性構面進行研究，將品牌權益區分為品牌價值與品牌意義 (brand value and brand meaning)，而品牌意義是品牌權益之質性構面 (qualitative dimension)，企業若改變品牌意義即改變品牌價值，故品牌關係由品牌形象（客觀品牌）及品牌態度（主觀品牌）兩構面形成。

品牌關係是顧客與品牌雙向的忠誠度，品牌關係必須管理產品本身特質與無形情感個性（如尊敬、一致、誠實），以協助品牌對客戶忠誠；若將產品功能特質與情感性品牌識別特質加以整合，可以給予顧客品牌聯結之動機，故企業必須強烈承諾與顧客建立品牌關係，而最強勢的行銷槓桿來自於品牌忠誠顧客。

10-2 品牌關係之意涵

由於品牌關係研究涉及顧客與品牌雙方彼此交換關係之互動，品牌關係研究參考關係交換研究與人際關係研究應該可行，溝通模式以解釋人際關係，並以人際關係類比品牌與顧客之關係，而品牌關係之概念是顧客對品牌之態度與品牌對顧客之態度的互動。

歐美的關係交換理論相關文獻中，約可分為「結構模式」與「過程模式」。

結構模式以關係結構與交換關係為主，希望建立起結構因素與關係型態間的連繫，了解在什麼樣的關係結構下會產生什麼樣的關係型態。「過程模式」則著重於關係的形成、維持與發展的生命週期過程之研究，屬於縱斷面的研究。此外，也有學者嘗試將「結構模式」與「過程模式」加以整合，成為「混合模式」。

人際關係有四個核心特質：

1. 關係具有主動互賴性

關係雙方間透過各種互惠交換而彼此相互影響，並從各種互惠交換中定義彼此關係及重新調整彼此關係。

2. 關係具有目的性，主要在於提供雙方意義

關係在心理社會文化層面上具有意義，有意義的關係會改變自我概念或透過自我價值、自尊的機制而強化自我概念，在心理層面上，關係可協助解決生活中所遭遇的問題，傳遞某些生活的目標及任務；社會文化層面上，年齡／合夥 (cohort)、生命週期、性別、家庭／社交網絡、文化等五個因素會影響關係的強度、關係的型態與關係動態過程。

3. 關係是一種多重構面的現象

關係具有多重構面，且會發展多樣的型態，可提供參與者許多可能的利益，關係可帶給人們社會性與工具性的利益；社會性的利益主要提供心理上的功能，以確定自我價值與自我形象，並提供安全、指引、教養、協助社交等心理報酬；工具性的利益則包括目的性或短期目標的達成；社會性與工具性的利益均會影響關係的型態，如一般程度的喜歡、友誼、愛、迷戀、自願與非自願、正式與非正式等不同關係型態。

4. 關係是一種動態的過程

關係會因雙方一連串的互動而開始，並隨著環境而改變和結束；關係的動態過程可分為開始、成長、維持、衰退、解散五個階段。這種關係交換的發展過程，可以比喻做兩家企業間的「婚姻」。結婚的雙方經由介紹（注意）、認識（探索）、戀愛（擴展），進而走入教堂完婚（承諾），當然在此一過程中，隨時可能發生分手（解除）的情形。品牌關係屬於顧客與品牌間動態互動過程，關係交換的理論「過程模式」應該適合供為參考。顧客與品牌間之關係，也會如人際關係，發生開始、成長、維持、衰退、解散五個階段關係的動態過程。

影響經濟交換關係之構面有二，一者為關係價值 (relationship value) 之高低，另一方面為利益共同性 (interest commonality) 之一致程度；關係價值係指選擇一種交換關係而放棄另一種交換關係之相對價值，而關係價值之高低由4個因素構成：

1 關鍵性 (criticality)　**2** 數量性 (quantity)　**3** 替代性 (replaceability)　**4** 變動適應性 (slack)

故關係價值之高低可由此4個因素加以衡量；至於利益共同性係指彼此分享與分擔共同經濟目標，利益共同性反映出交換夥伴間目標之相容與一致程度。

Krapfel. et al. 建議將形成經濟交換關係之關係價值與利益共同性兩個構面加以衡量，並依關係價值之高低與利益共同性之程度高低進行交叉分類，可以獲得4種不同之關係型態分別為：

1. 認識 (acquaintance) 關係：關係價值與利益共同性均低。

2. 朋友 (friend) 關係：關係價值低與利益共同性高。

3. 競爭 (rival) 關係：關係價值高與利益共同性低。

4. 夥伴 (partner) 關係：關係價值與利益共同性均高。

就「過程模式」而言，所提出的關係交換過程模式，都是指兩個或多個原本沒有任何關係的組織或企業，經由一連串組織間的互動而建立起關係，成為關係夥伴。然後隨著雙方交易的持續進行，再更進一步的發展出緊密的關係型態，強調未來行銷重點是品牌關係行銷 (brand relationship marketing)，而且，品牌之建構必須致力於發展 (developing)、防禦 (defending)、增強 (strengthening) 與持續 (enduring) 具有利潤的長期品牌關係，即是「過程模式」觀點。

Keller 主張 4 個步驟以建構強勢品牌：

1	2	3	4
建立適當的 品牌識別	創造合適的 品牌意義	導引正確的 品牌回應	建構合適的顧客 品牌關係

Keller 提出與顧客進行品牌關係建構之 6 個區塊及重點，依序為品牌特點、品牌績效、品牌意象、品牌判斷、品牌情感、與品牌共鳴。其中品牌共鳴 (brand resonance) 可以評量合適的顧客品牌關係，亦是品牌關係追求之目標；品牌關係 (brand relationships) 是聚焦於顧客與品牌之關係，重視顧客個人之品牌識別水準，而品牌共鳴論述顧客與品牌關係之本質，以及顧客與品牌彼此是否同時感覺品牌關係發生於顧客與品牌之間。

品牌共鳴之特性可由顧客與品牌心理聯結之深度及行為忠誠度引發活動數量之多少加以衡量，品牌共鳴可區分成 4 種類屬：

1	2	3	4
行為的忠誠度	態度的聯結度	共同體感覺程度	主動積極參與度

上列 4 種共鳴類屬均可表現品牌關係之強度。

Keller 亦提出衡量品牌關係準則之兩個構面：關係密度與關係活動；關係密度是態度聯結與共同體感覺之強度，關係活動是顧客購買與使用之頻率，以及每日投入於與購買與消費無關之其他活動之程度，也是觀察顧客行為的忠誠度與主動積極參與之程度。經由以上品牌權益與品牌關係相關研究之探討，可知品牌權益的創造可視為品牌關係的建立，建立品牌權益應藉由管理品牌關係，

故品牌與顧客群係共創品牌權益之夥伴，建立合適的顧客品牌關係是建構強勢品牌的作法，亦是增加品牌權益之策略性步驟。

綜合相關文獻探討，對顧客基礎觀點之「品牌關係」定義闡釋如下：顧客基礎觀點之品牌關係是「顧客對品牌之態度及行為，以及品牌對顧客之態度及行為兩者之互動，亦可概述為顧客與品牌間品牌態度與品牌行為之互動」；顧客基礎之「品牌關係」係由品牌與顧客間關係密度高低與關係活動頻率所構成；關係密度高低和品牌與顧客間之行為的忠誠度與態度的聯結度有關，關係活動頻率與品牌與顧客間之共同體感覺與主動積極參與程度有關。

10-3　品牌關係之分類

品牌關係是顧客與品牌互動的過程，並將品牌視為關係伙伴的一員，可類推為兩個人之間的關係。

1. **夫妻與親人**：提供安全舒適的感覺，並能深深感覺被需要與重視。

2. **密友與朋友**：能提供安全舒適、被需要與重視的感覺，還能分享興趣及態度，並可擁有友誼與社群的歸屬感。

3. **同事與同學**：可從中得到對個人能力與價值的讚許，使個人再次肯定自我的價值。

4. **諮詢顧問**：會給予協助，提供個人建議及訊息。

Fournier 由深入訪談顧客的方式，歸納出顧客與品牌之間的關係可分為十五種類型，內容分述如下：

1. **安排的婚姻**：因第三者偏好所強迫的非自願性結合。雖然情感聯繫層次很低，仍意味著長期、唯一的承諾。

2. **一般的朋友**：情感與親密性很低的友誼，其表現特徵是不常的或偶爾的約會，很少期待互惠或報酬。

3. **便利性的婚姻**：因環境或計畫性的選擇而促成之長期、承諾性關係。

4. **承諾的夥伴關係**：具有高度的喜愛、親密、信賴及承諾的長期、自願性、具社會支持的結合關係，儘管在環境不利下仍在一起。固守排他性原則。

5. **好朋友**：基於互惠性原則的自願性結關係，透過持續提供正向報酬而具耐久性。其特性是真實我的揭露、誠實、以及親密。通常雙方的形象及個人興趣會一致。

6. **區分的友誼**：高度特殊化、情境限制及持久的友誼，其特性是比其他的友誼形式的親密度更低，但是具有較高的社會情感報酬及互依，易於進入及退出。

7. **親戚關係**：由於血統的羈絆所形成的非自願性結合。

8. **反彈／逃避關係**：想要離開先前或可得之夥伴所促成之結合。

9. **孩提友誼**：不經常的會面、充滿早期相關的情感回憶，產生過去自我的舒適及安全感。

10. **求愛時期**：走向承諾夥伴關係契約之路的過渡性關係。

11. **依賴**：因感覺該品牌是無法替代的，而基於強迫的、高度情緒性的、自我中心的吸引鞏固此關係。

12. **一夜情**：具有高度情感性報酬的短期、有時間性的約會，但是缺乏承諾與需求。

13. **敵意**：具有負向影響並希望避免或將痛苦施加以他人的關係。

14. **祕密戀情**：高度情緒性且私人的關係，如果告訴他人會有風險。

15. **奴役**：完全是由具有關係的另一方的喜好所控制的非自願性結合，它會有負向的感覺，但是因為環境仍會繼續此關係。

　　「結構模式」品牌關係研究中，Kelleher 研究年輕族群品牌策略，依關係密度，區分年輕族群 4 種不同之品牌關係：

1. 看不見之品牌關係 (invisible brands)：係未發現、睡著的、低信賴度以及低知名度，因消費者具有很少之認知跨欄，故企業易於建立新而獨特之價值。

2. 陳列展示之品牌關係 (displayed brands)：高信賴度低知名度。

3. 發現之品牌關係 (discovered brands)：高知名度但信賴度低。

4. 擁護之品牌關係 (champion brands)：高知名度且高信賴度。

顧客購買某產品，產生了交易關係；在這個交易關係中顧客花費了時間、金錢、力氣來換取某品牌產品所帶來的功能、效用或其他利益，在不同的交易關係中締造出不同的關係價值；關係價值包括關係利益與關係代價，且皆是主觀的。

此外，社會交換理論認為人際關係的形成，是因從關係中得到的利益大於成本，即經濟上的利益而產生的關係；

因此，關係利益被視為是影響關係的重要變項，關係利益是為「顧客和企業在一個長期的關係中，除了核心的服務以外，顧客從企業得到的其他利益」。

Fournier 再提出一個具有六項變數的品牌關係品質量表，以為評估、維持、管理及強化品牌關係的依據，包括了喜愛與熱情、自我概念連結、承諾、互依、親密以及品牌夥伴品質。

1. 喜愛與熱情：

為所有堅固的品牌關係的核心，是基於人際關係領域中愛的概念之回憶的豐富情感。比簡單的品牌偏好的概念具更強烈的品牌關係持久性及深度的情感。在此類關係中，替代品會讓顧客不安。

2. 自我概念連結：

這個關係品質構面反映了在重要的自我關心、任務或事件上品牌傳達的程度，並因而表達了自我的重要部分。

3. 承諾：

堅固的品牌關係通常也會塑造出高度的承諾。不同形式的承諾可經由連結自我與關係的結果而促進其穩定性。

4. 互依：

堅固的品牌關係也可以用品牌與顧客之間互依的程度來區分。互依包括了頻繁的品牌互動、品牌相關活動範圍及廣度的增加、單一互動事件強度的增加。

5. 親密：

推敲知識結構的發展強烈支持了品牌，其各種層次的意義反映了更深的親密層次與更持久的關係連結。所有堅固的品牌關係都深植於優越產品績效的信念上，此信念會使人將該品牌視為優越的且為不可取代的，而可抵抗競爭者的攻擊。

6. 品牌夥伴品質：

品牌夥伴品質的概念反映出顧客對該品牌在其關係角色中的績效表現的評估。品牌夥伴品質有五項中心的組成成分：

(1) 感覺品牌對顧客具有正向的導向。

(2) 對於品牌在執行其關係角色時整體之可靠度、可信度及可預測。

(3) 對於品牌在遵守默示的關係契約規則之判斷。

(4) 對於品牌會傳達我們想要的東西之信賴或信念。

(5) 感覺品牌會對其行動負責任。

　　態度是一種經由學習產生，並且對事物有一致性好惡的反應，在與品牌關係的連結上，包括：

1. 品牌信念：顧客認為某品牌所具有的特性。

2. 品牌評價：顧客對某品牌的好惡程度。

3. 購買意願。

　　態度在顧客決策中具有舉足輕重的地位，尤其在挑選品牌的時候。而態度的改變及說服溝通兩個概念常被用來研究顧客對於訊息的處理。研究顯示增強顧客現有的態度比改變現有態度容易得多，尤其是在產品涉入很低及態度不很強的時候。因此行銷者若要增強顧客既有的品牌態度，會比要改變顧客的品牌態度容易得多，行銷者應避免在品牌形象已造成顧客不良的刻板印象時才急於改變的情況。

10-4 品牌關係之衡量

胡 政 源 (2003) 建 構 顧 客 基 礎 之 品 牌 關 係 衡 量 量 表 (customer-based brand relationship, CBBR) 的發展步驟（如圖 10-1），共有 6 個步驟，分別說明如下：

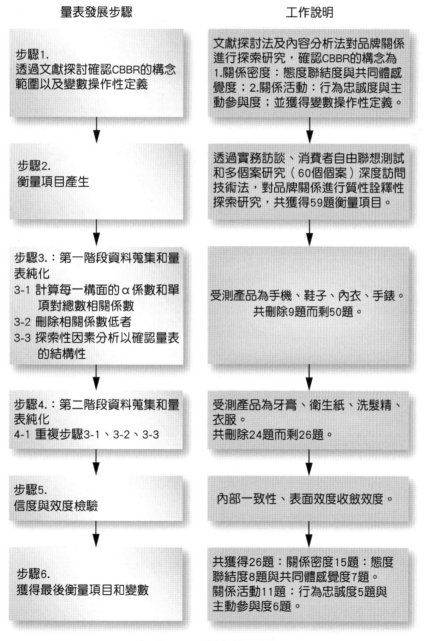

量表發展步驟　　　　　　　　　　工作說明

步驟1.
透過文獻探討確認CBBR的構念範圍以及變數操作性定義

文獻探討法及內容分析法對品牌關係進行探索研究，確認CBBR的構念為1.關係密度：態度聯結度與共同體感覺度；2.關係活動：行為忠誠度與主動參與度；並獲得變數操作性定義。

步驟2.
衡量項目產生

透過實務訪談、消費者自由聯想測試和多個案研究（60個個案）深度訪問技術法，對品牌關係進行質性詮釋性探索研究，共獲得59題衡量項目。

步驟3.：第一階段資料蒐集和量表純化
3-1 計算每一構面的α係數和單項對總數相關係數
3-2 刪除相關係數低者
3-3 探索性因素分析以確認量表的結構性

受測產品為手機、鞋子、內衣、手錶。
共刪除9題而剩50題。

步驟4.：第二階段資料蒐集和量表純化
4-1 重複步驟3-1、3-2、3-3

受測產品為牙膏、衛生紙、洗髮精、衣服。
共刪除24題而剩26題。

步驟5.
信度與效度檢驗

內部一致性、表面效度收斂效度。

步驟6.
獲得最後衡量項目和變數

共獲得26題：關係密度15題：態度聯結度8題與共同體感覺度7題。
關係活動11題：行為忠誠度5題與主動參與度6題。

➡ 圖 10-1　量表發展步驟

一、步驟一：透過文獻探討確認顧客基礎之品牌關係構念以及變數操作性定義

（一）品牌關係相關構念

對顧客基礎觀點之「品牌關係」定義如下：顧客基礎觀點之品牌關係是「消費者對品牌之態度及行為，以及品牌對消費者之態度及行為兩者之互動，亦可概述為顧客與品牌間之品牌態度與品牌行為之互動」；顧客基礎之「品牌關係」係由品牌與顧客間關係密度高低與關係活動頻率所構成；關係密度高低與品牌與顧客間之行為的忠誠度與態度的聯結度有關，關係活動頻率與品牌與顧客間之共同體感覺與主動積極參與程度有關。本研究自行發展與建構「顧客基礎觀點之品牌關係衡量量表」。

以顧客基礎觀點視之品牌關係相關構念即為品牌關係密度（態度聯結度與共同體感覺）與品牌關係活動（行為忠誠度與主動參與度）。

（二）變數操作性定義

變數操作性定義，係為發展量表之用。

1. **品牌關係**：品牌關係為顧客對品牌之態度及行為與顧客認知的品牌對顧客之態度及行為之互動過程。

2. **關係密度**：是態度聯結與共同體感覺之強度。

3. **關係活動**：是顧客購買與使用之頻率以及每日投入於與購買與消費無關之其他活動之程度，亦即行為的忠誠度及主動積極參與之程度。

4. **行為的忠誠度 (behavioral loyalty)**：最強烈的品牌忠誠度可由顧客採購或消費時願意投資時間精力金錢與其他資源於該品牌加以確知，行為的忠誠度主要特質是顧客對該品牌重複購買與對該品牌類別產品數量之分擔。顧客購買之次數與數量決定最基本的利潤，品牌必須引發足夠之購買頻率與數量。

5. **態度的聯結度 (attitudinal attachment)**：有些顧客因該品牌是其可接近之唯一選擇或因該品牌是其付得起的而進行非必要性購買；品牌必須從廣泛品類脈絡中創造特殊性以被認知，知覺、共鳴、喜愛、期望擁有、愉悅、期待等均是良好的態度聯結的表徵。

6. **共同體感覺 (sense of community)**：品牌共同體之確認使顧客和其他與品牌聯結之人們（如同類品牌使用者或消費者、公司員工、公司業務代表）具有親屬關係之感覺。

7. 主動積極參與 (active engagement)：

顧客願意參加品牌俱樂部或與其他同類品牌使用者、品牌之正式或非正式代表保持聯繫並接觸最近品牌有關訊息，他們可能會上與品牌有關之網路或聊天室；此類顧客會成為品牌傳播者並協助品牌與其他人們溝通及增強品牌與這些人之連結；強烈的態度聯結與共同體感覺可以建構出顧客對該品牌之主動積極參與。

二、步驟二：衡量項目產生

胡政源透過實務訪談、消費者自由聯想測試，結合多個案研究（60 個個案）深度訪問技術法，對品牌關係進行質性詮釋性探索研究，多個案研究（60 個個案）深度訪問之進行係以社會人士 10 名、學生 40 名進行品牌選用經驗及生活經驗之敘述為主，然後依據該 60 個個案品牌選用經驗及生活經驗之敘述加以內容分析，整理出消費者與品牌之態度及行為及其互動經驗，建構出消費者與品牌關係之衡量項目。

茲針對各品牌關係研究構念與品牌關係研究變數的衡量項目加以整理如下：

1. 行為忠誠度

(1) 經常購買選用。	(6) 經常團體的購買。	(11) 每天都使用到。
(2) 重複購買選用。	(7) 購買次數較多。	(12) 購買金額較多。
(3) 一定會再選用。	(8) 購買頻率較繁。	(13) 願意多花金錢購買。
(4) 經常購買大數量。	(9) 非購買到不可。	(14) 願意到處尋找購買。
(5) 經常足量的購買。	(10) 經常定期購買。	(15) 願意多花時間購買。

2. 主動積極參與

(1) 投資時間參與。	(6) 經常接觸品牌業務。	(11) 經常主動參加活動。
(2) 投資精力參與。	(7) 經常接觸品牌使用者。	(12) 經常推薦別人選用。
(3) 投資金錢參與。	(8) 經常接觸品牌訊息。	(13) 經常注意相關訊息。
(4) 參加俱樂部或會員。	(9) 聊天經常提起。	(14) 經常主動聯絡。
(5) 經常接觸品牌代表。	(10) 經常傳播口碑。	

3. 態度連結程度

(1) 期望擁有該品牌。	(6) 願意使用該品牌。	(11) 願意試用該品牌。
(2) 擁有該品牌很愉悅。	(7) 認為該品牌名聲好。	(12) 對該品牌感覺很滿意。
(3) 對該品牌很了解。	(8) 對該品牌印象很好。	(13) 認為該品牌很熱情。
(4) 喜愛使用該品牌。	(9) 感覺該品牌高級。	(14) 認為該品牌很真誠。
(5) 認為該品牌獨一無二。	(10) 認為該品牌是流行象徵。	(15) 認為該品牌很誘惑具有魅力。

4. 共同體感覺

(1) 感覺像夫妻。	(6) 具有親密感覺。	(11) 感覺像親屬。
(2) 感覺個性契合。	(7) 感覺很貼心。	(12) 感覺像伙伴。
(3) 感覺很合自我品味。	(8) 感覺很體貼。	(13) 感覺像知己。
(4) 具有依賴感覺。	(9) 感覺像朋友。	(14) 具有承諾感覺。
(5) 具有認同感覺。	(10) 感覺像情侶。	(15) 具有信任感覺。

三、步驟三：第一階段資料蒐集和量表純化

第一階段資料蒐集和量表純化，計算每一構面的 α 係數和單項對總數相關係數、刪除相關係數低者、進行探索性因素分析以確認量表的結構性。第一階段資料蒐集，係以某技術學院 440 名學生，受測產品為手機、鞋子、內衣、手錶。問卷設計 59 題係以李克特五點尺度量表加以設計，以進行資料蒐集。經過重複相關分析，行為的忠誠度項目由 15 題刪減為 7 題，α 值為 0.8535；主動積極參與項目仍為 14 題，α 值為 0.9177；態度的聯結度項目由 15 題刪減為 14 項，α 值為 0.9147；共同體的感覺項目仍為 15 項，α 值為 0.9523。第一階段資料蒐集和量表純化結果彙總如表 10-1。共刪除 9 題而剩 50 題。

表 10-1 第一階段資料蒐集和量表純化結果

	修正前		修正後	
	題 數	Cronbach α	題 數	Cronbach α
行為的忠誠度	15	0.8746	7	0.8535
主動積極參與	14	0.9177	14	0.9177
態度的聯結度	15	0.8750	14	0.9147
共同體的感覺	15	0.9523	15	0.9523
合　　計	59		50	

經由上述分析後，對行為的忠誠度、主動積極參與、態度的聯結度及共同體的感體等 50 題再進行因素分析，結果有 10 個因素其特徵值大於 1，分別將其命名為共同體、印象好、積極參與、主動參與、購買頻率、參與高、重複選用、態度佳、感覺佳、期望擁有。衡量項目因素分析如表 10-1 所示，因素負荷值都在 0.4 以上。

四、步驟四：第二階段資料蒐集和量表純化

第二階段資料蒐集和量表純化，再次計算每一構面的 α 係數和單項對總數相關係數、刪除相關係數低者、再進行探索性因素分析以確認量表的結構性。第二階段資料蒐集，再以某技術學院 380 名學生，受測產品改為牙膏、衛生紙、洗髮精、衣服。問卷設計 50 題亦以李克特五點尺度量表加以設計，以進行資料蒐集。

經過重複相關分析，行為的忠誠度項目由 7 題刪減為 5 題，α 值為 0.8456；主動積極參與項目由 14 題刪減為 6 題，α 值為 0.8612；態度的聯結度項目由 14 題刪減為 8 題，α 值為 0.9042；共同體的感覺項目由 15 題刪減為 7 項，α 值為 0.8713。第二階段資料蒐集和量表純化結果彙總如表 10-2。共刪除 24 題而剩 26 題。

表 10-2　第二階段資料蒐集和量表純化

	修正前		修正後	
	題　數	Cronbach　α	題　數	Cronbach　α
行為的忠誠度	7	0.8443	5	0.8456
主動積極參與	14	0.8659	7	0.8612
態度的聯結度	14	0.9033	8	0.9042
共同體的感覺	15	0.8910	8	0.8713
合　　　計	50		26	

經由上述分析後，對行為的忠誠度、主動積極參與、態度的聯結度及共同體的感體等 28 題再進行因素分析，結果有四個因素其特徵值大於 1，分別將其命名為：(1)「態度聯結度」、(2)「主動積極參與」、(3)「共同體的感覺」、(4)「行為的忠誠度」；其命名與操作性定義相同。衡量項目因素分析後，因素負荷值都在 0.5 以上。

五、步驟五：信度與效度檢驗

1. 信度的檢驗

信度即可靠性，係指測驗結果的一致性或穩定性言。誤差越小，信度越高；誤差越大，信度越低。因此，信度亦可視為測驗結果受機遇影響的程度。測驗的信度係以測驗分數的變異理論為其基礎。測驗分數之變異分為系統的變異和非系統的變異兩種，信度通常指非系統變異。在測驗方法上探討信度的途徑有二：(1) 從受試者內在的變異加以分析，用測量標準誤說明可靠性大小；(2) 從受試者相互間的變異加以分析，用相關係數表示信度的高低。

測驗信度通常以相關係數表示之。由於測驗分數的誤差變異之來源有所不同，故各種信度係數分別說明信度的不同層面而具有不同的意義。Cronbach α 係數是一種分析項目間一致性以估計信度的方法，本研究 α 值皆在 0.8 以，上顯示四個構面所建立問項，亦具相當高的內部一致性。相較於第一階段的信度，α 值無太大差異，顯示本量表應用於不同產品類別仍然相當穩定。

表 10-3　測驗信度相關係數（內部一致性）

	題 數	Cronbach α
行為的忠誠度	5	0.8456
主動積極參與	6	0.8612
態度的聯結度	8	0.9042
共同體的感覺	7	0.8713
合　　計	26	

2. 效度的檢驗

效度即正確性，指測驗或其他測量工具確能測出其所欲測量的特質或功能之程度而言。測驗效度越高，即表示測驗的結果越能顯現其所欲測量對象的真正特徵。

對於顧客基礎的品牌關係衡量量表的效度檢驗，包括內容效度及建構效度中的收斂效度。所謂內容效度是指量表「內容的適切性」，即量表內容是否涵蓋所要衡量的構念。量表的衡量項目係根據文獻探討、消費者自由聯想以及多個個案深度訪談而產生 59 題問項，分成四個構念，「行為的忠誠度」、「主動積極參與」、「態度的聯結度」、「共同體的感覺」，並在測試前進行預試，故量表具相當的內容效度。

收斂效度是指來自相同構念的這些項目，彼此之間相關性要高。以因素分析求表各項目之因素結構矩陣，再由結構矩陣所表列之因素負荷量大小來判定建構效度好壞。若因素負荷量的值越大，表示收斂效度越高。由步驟四第二階段純化後量表顯示，除了「對該品牌很了解」、「喜愛使用該品牌」問項因素負荷量小於 0.5，故均將刪除，其餘因素負荷量均大於 0.5，表示所發展的量表在建構效度中具有相當的收斂效度。

六、步驟六：獲得最後衡量項目和變數

經過二階段資料蒐集和量表純化分析後，此量表由原先 50 題衡量項目刪為 26 題，其中：

1. 態度連結程度 8 題，包括：

(1) 認為該品牌很誘惑具有魅力。

(2) 願意使用該品牌。

(3) 認為該品牌名聲好。

(4) 對該品牌印象很好。

(5) 感覺該品牌高級。

(6) 認為該品牌是流行象徵。

(7) 對該品牌感覺很滿意。

(8) 認為該品牌很熱情。

2. 主動積極參與 6 題，包括：

(1) 經常接觸品牌使用者。

(2) 經常注意相關訊息。

(3) 經常接觸品牌代表。

(4) 經常接觸品牌訊息。

(5) 聊天經常提起。

(6) 經常傳播口碑。

3. 共同體感覺 7 題，包括：

(1) 感覺像夫妻。

(2) 感覺個性契合。

(3) 感覺很體貼。

(4) 感覺像情侶。

(5) 具有認同感覺。

(6) 具有親蜜感覺。

(7) 感覺很貼心。

4. 行為忠誠度 5 題，包括：

(1) 經常購買選用。

(2) 重複購買選用。

(3) 一定會再選用。

(4) 購買次數較多。

(5) 購買頻率較繁。

七、品牌關係 (brand relationship, BR) 衡量量表

學者對於「品牌關係」之研究不多，大部分僅為品牌關係之概念化討論，或為質性之探索式詮釋研究，客觀性量化之邏輯實證研究尚少。既無學者以邏輯實證量化深入研究品牌關係，對於品牌關係及其相關變數之衡量，學者亦仍未建立出有效且被一般研究者共同接受之量表；因此，胡政源以顧客基礎觀點，進行發展與建構消費品之「顧客基礎觀點之品牌關係 (customer-based brand relationship, CBBR) 衡量量表」。參考相關行銷研究行銷量表發展典範，發展與建構「顧客基礎觀點之品牌關係衡量量表」。

首先，經由文獻探討法及內容分析法對品牌關係進行探索研究，確認 CBBR 的構念為 1. 關係密度：態度聯結度與共同體感覺度。2. 關係活動：行為忠誠度與主動參與度。並由此進行研究變數之操作性定義。進一步透過實務訪談、消費者自由聯想測試和多個案研究（60 個個案）深度訪問技術法，對品牌關係進行質性詮釋性探索研究，共

獲得 59 題研究變數衡量項目。第一階段資料蒐集和量表純化，受測產品為手機、鞋子、內衣、手錶；共刪除 9 題而剩 50 題。第二階段資料蒐集和量表純化，受測產品為牙膏、衛生紙、洗髮精、衣服；共刪除 24 題而剩 26 題。共獲得 26 題，態度聯結度 8 題與共同體感覺度 7 題；行為忠誠度 5 題與主動參與度 6 題。衡量項目由 59 題刪減為 26 題，信度與效度檢驗皆獲得非常好的支持。經由本研究建構顧客基礎之品牌關係衡量量表 (customer-based brand relationship, CBBR) 的 6 個步驟，發展出 26 題消費品之「顧客基礎觀點之品牌關係衡量量表」問卷調查表，即表 10-4 顧客基礎品牌關係衡量量表。

胡政源以顧客基礎觀點，發展出消費品之「顧客基礎觀點之品牌關係 (customer-based brand relationship, CBBR) 衡量量表」（表 10-4），可衡量消費者與品牌之品牌關係強度，亦可供後續研究品牌關係者發展研究假設及量化實證研究品牌關係時應用之，亦可供實務界建構與消費者品牌關係及衡量消費者與品牌之品牌關係強度時參考應用。

表 10-4　顧客基礎品牌關係

(customer-based brand relationship, CBBR) 衡量量表

	非常同意	同意	尚可	不同意	非常不同意
1. 您感覺該品牌很高級 -------------	1	2	3	4	5
2. 您對該品牌印象很好 -------------	1	2	3	4	5
3. 您對該品牌感覺很滿意 -----------	1	2	3	4	5
4. 您認為該品牌是流行象徵 ---------	1	2	3	4	5
5. 您認為該品牌名聲信譽好 ---------	1	2	3	4	5
6. 您很願意使用該品牌 -------------	1	2	3	4	5
7. 您認為該品牌具誘惑魅力 ---------	1	2	3	4	5
8. 您認為該品牌對您很熱情 ---------	1	2	3	4	5
9. 您經常接觸該品牌使用者 ---------	1	2	3	4	5
10. 您經常接觸該品牌相關訊息 -----	1	2	3	4	5
11. 您經常傳播該品牌好口碑--------	1	2	3	4	5
12. 您經常接觸該品牌之代表--------	1	2	3	4	5
13. 您聊天經常提起該品牌 ----------	1	2	3	4	5
14. 您經常注意該品牌相關訊息 -----	1	2	3	4	5
15. 您感覺該品牌很貼心 -------------	1	2	3	4	5
16. 您感覺該品牌很體貼 -------------	1	2	3	4	5
17. 您對該品牌具有親密感 ----------	1	2	3	4	5
18. 您感覺該品牌與您像朋友--------	1	2	3	4	5
19. 您感覺該品牌與您個性契合 -----	1	2	3	4	5
20. 您感覺該品牌與您像情侶--------	1	2	3	4	5
21. 您感覺該品牌與您像夫妻--------	1	2	3	4	5
22. 您經常購買選用該品牌 ----------	1	2	3	4	5
23. 您會重複購買選用該品牌--------	1	2	3	4	5
24. 您對該品牌購買頻率較繁 -------	1	2	3	4	5
25. 您對該品牌購買次數較多--------	1	2	3	4	5
26. 您一定會再選用該品牌 ----------	1	2	3	4	5

10-5 品牌關係的建立策略

當緊密的品牌關係建立起來之後，企業所得到的利益將絕不止於重複銷售，最大的好處在於可以加強顧客的穩定性和提高顧客終身價值，而維持顧客群的穩定性則可以幫助建立品牌忠誠度。

企業品牌證明消費都會和企業品牌形成一種單一整合的關係，這種關係會深入並影響個人和企業間的每個接觸點。其亦主張當顧客與企業品牌有很強、很認同的關係時，即使這個企業出現一個不良商品或服務，這顧客都還可以勉強接受。

Blackston 認為品牌關係是顧客與品牌互動的過程。他指出品牌與顧客的關係可以類推為兩個人之間的關係，並藉此推論其關係特質。經由複雜的認知、感情、與行為過程來構成兩人之間的關係。發展一個成功的顧客品牌關係主要取決於顧客對品牌態度的知覺，同時也是這些知覺才使品牌的態度有意義。

Fournier 認為品牌關係是當顧客接受品牌擬人化及廣告賦予產品生命象徵時，表示其願意將品牌視為關係伙伴的一員。將品牌賦予生命象徵的來源有：

1. 產品代言人：產品代言人的個性可能與所要廣告的品牌相當契合，則能加強品牌的聯想。代言人是有效的，因他們可以藉由產品使用以傳遞背書人的精神。

2. 擬人化：將人的情感、想法與意志力轉移到品牌身上。

3. 伙伴關係：每天執行的行銷組合決策即代表品牌行為，而此成為與顧客建立關係的基礎。

Fournier 指出視品牌為夥伴的一種方法是去強調那些栩栩如生、具有人的屬性或某種擬人化的品牌。人類賦與無生命的對象人性，以致確認為是實際上所有社會的普遍現象。因為顧客在考慮品牌時好似視為人的個性，能無困難且把人格特性一致性地歸於無生命的品牌對象，顧客對無生命的品牌，會賦予其

一些人格特質如活潑的、穩重的等詞彙，並選擇性從賦予品牌某些情感、思想和意志等方面的人性特質。

Blackston 亦提出顧客為了連接他們自己關係的觀點而假定品牌的想法。其還發現凡是成功受肯定的品牌關係皆具備兩要素，一為對品牌的信任，二為品牌的顧客滿意度。

維持品牌關係的方法可以經由包裝、促銷與公關以建立品牌態度與行為來維持他們的關係。其亦指出品牌關係的概念主要運用在發展廣告上，廣告是品牌藉由態度和行為進行和顧客聯繫的有效途徑。

建立品牌關係約五種層次：

1. 認知：品牌進駐顧客的選擇名單上。
2. 認同：顧客樂於展示品牌。
3. 關係：顧客在購買商品時會與公司有所接觸。
4. 族群：顧客之間的交流，成為社群。
5. 擁護：顧客推薦品牌給他人。

品牌經營人員可透過四個步驟來建立強勢的品牌關係：

1. 創造品牌獨特的個性與社會認同感。
2. 鼓勵人們使用該品牌。
3. 說服人們成為該品牌的使用者，將會獲得更好的體驗感受。
4. 證明顧客購買該品牌後，真的可以體驗到期待的感覺。

建立品牌偏好的策略與適合的行銷組合以建立良好的品牌關係之做法如下。

表 10-5　良好的品牌關係之做法

	定　義	做　法
需求聯想	當顧客要時就會聯想到該品牌，所以在強調該品牌的特性或個性時，要採用簡單的訊息且長期持續重複。	・產品：經常性採用與例行性使用。 ・定價：相對較低價，價格具競爭性。 ・通路：大量、容易取得、設點以便利為考量。 ・促銷：短的訊息、滲透、高度、曝光。 ・生命週期：早期階段、創造知名度。
內心聯想	運用重複的抽象方式（例如：標語、音樂、口號……等）將品牌概念深植人心。	・產品：經常性採用與例行性使用。 ・定價：相對較低價。 ・通路：容易取得、設點以便利為考量。 ・促銷：充滿影響力、生動傳播方式、高度一致性的曝光。
激發潛意識	使用適當的文字或符號激發消費者的潛意識偏好。	・產品：象徵性產品。 ・定價：昂貴的、通常是高於一般市價。 ・通路：選擇性、考慮門市的氣氛。 ・促銷：採用具象徵性的視覺效果。
行為調整	該品牌必須提供差異化的線索與非常強的驅動力吸引顧客，使之能及早回應。	・產品：複雜、耐久性產品。 ・定價：價格較高、以聲譽定價。 ・通路：門市能提供試用。 ・促銷：選擇性媒體、大量的訊息內容。
認知的程序	該品牌必須要讓顧客認為選擇該品牌是有意義。	・產品：複雜、耐久性產品。 ・定價：價格較高、以聲譽定價。 ・通路：門市能提供試用。 ・促銷：選擇性媒體、大量的訊息內容。
典範的模仿	該品牌能代表顧客理想的生活型態，使顧客願意模仿之。	・產品：象徵性產品。 ・定價：價格較高、以聲譽定價。 ・通路：根據定價與產量，選擇性擴張。 ・促銷：試用，使用名人推薦方式。

資料來源：Alreck, P. L., & Settle, R. B. (1999). Strategies for Building Consumer Brand Preference. Journal of Product and Brand Management, 8. p.130-144.

10-6　發展國際品牌形象

　　品牌形象管理是企業行銷程序中的關鍵步驟，若要發展全球化的品牌，在行銷組合策略制定前，全球化的品牌形象策略必須先決定，作為發展產品定位和廣告策略的基礎。全球品牌形象策略應該標準化，並以顧客的角度思考，還要因時修正調整策略。國際品牌形象提升的程度與國際行銷策略和品質有顯著相關，尤其是國際定價策略、國際配銷策略、產品品質標準皆已達顯著水準，因此較低的產品定價、控制度較高的配銷通路、優良的產品品質能夠顯著提升廠商在地主國的品牌形象。

　　臺灣具有國際知名品牌的產品不多，臺灣製產品品牌知名度不夠，MIT驗證標章的產品努力轉變形象。國人對於低涉入的消費品以臺灣製產品品牌占多數，而對於高涉入的耐久財則偏好於先進國家的知名品牌。臺灣製產品品牌在進入歐美市場時，似乎都先以物美價廉形象擴張市場，再慢慢提高品牌知名度、建立更佳的品牌形象；而在東南亞、大陸等開發中國家，則可將售價定得較高，直接建立高級的品牌形象。

　　不同產品地主國及不同產品會影響國外買主態度，非產品本身因素（如價格、形象等）對國外買主態度的影響力大於產品本身。顧客不只會關心產品形象，也會注意地主國形象。Kotler對形象(image)所下的定義：對事物所產生的廣泛性觀念、喜好及態度的一種知覺。據此說法，形象是種抽象而主觀的看法，沒有一定的衡量標準，好壞因人而異。因此品牌形象是顧客的一種主觀知覺，可能與事實有所出入，其結果對購買意願與行為可能產生重大影響力。而顧客一看到來自各國的產品，立刻產生某種程度的「刻板印象」，亦即「地主國效果」。

➡ 圖10-2　台灣製MIT標章，試圖改變臺灣產品在國際印象，藉此建立優質商品保證之形象。（資料來源：經濟部工業局臺灣製產品MIT微笑標章網站）

➡ 圖10-3　台灣精品獎是經濟部自1993年設立之獎項。（資料來源：外貿協會）

近幾年的企業國際化導致許多生產及行銷上的改變，其一明顯的是混血產品 (hybrid products) 的出現，因此可常見一項產品的品牌來源跟製造地是不同國家。品牌國的技術水準認知和製造國技術水準認知對產品整體品質認知上皆有顯著的影響；而品牌形象認知對產品整體品質評價的影響也較顯著；品牌國技術水準認知與品牌形象認知對產品品質認知上皆有顯著的交互作用。因此在發展國際品牌形象時，必須考量地主國形象的影響，兩方斟酌之後再以適當的行銷策略加以補強，以期使地主國形象與品牌形象具有相輔相成的加分效果。

➡ 圖 10-4 林聰明沙鍋魚頭—傳承三代超過一甲子的在地好滋味，從路邊攤六張桌子，到擁有自己的數間門市經營，堅持不變的風味，愛與包容的暖心故事，以及在地美好與感動，是嘉義最受歡迎的美食品牌之一。（資料提供：日日學文化）

將品牌形象策略與產品績效以及國際市場上品牌形象管理結合後，發現不同的文化因素及各地區的社經環境會影響消費性產品所採用的國際品牌形象策略績效。企業在發展規劃國際行銷策略以提升品牌形象時，需考慮各國行銷環境的差異及總體、個體環境對行銷策略的影響，對其加以了解、協調和整合才能達到綜效。而在產品品質上希望落實真正顧客滿意導向的企業文化，創造顧客價值、顧客滿意，提升公司品牌形象（如賓士由製造導向的品牌發展成為顧客生產的最佳汽車）。

因此生產及研發部門必須和行銷部門密切配合，當臺灣政府希望藉由提升國家產品形象推動國家競爭力時，品質觀念的推廣是關鍵因素，若品質良好，做好品管，讓顧客在小地方感受企業的用心，加上有效的行銷、廣告對品牌做的最佳支援，就可以建立起好的品牌形象。

臺灣及海外企業全球品牌形象策略（功能性、社會性、知覺性）的執行狀況以功能性形象比重偏高。而在品牌形象策略與行銷績效的關係上，功能性的品牌形象最多，行銷績效表現變化也大，可能有其他經營面或市場面的因素干擾；知覺性的品牌形象最少，顯示臺灣企業不認為以顧客覺得新奇或新經驗的獲得

為其品牌形象建立之重點；社會性的品牌形象不多但績效表現不錯，因此若突出品牌或產品的個性，依然有其市場空間；三種品牌形象平均發展者績效表現最不理想，應是品牌沒有明顯特色所致。

國民文化與國家經濟不同時，會影響全球品牌形象策略與績效。當權力距離高、個人主義低，社會性品牌形象策略高低與績效表現有正向關係；當個人主義高、經濟水準高，知覺性品牌形象策略高低與績效表現有正向關係；當國家間權力距離差異大、國家間個人主義差異大，顧客化品牌形象策略與績效表現有正向關係。

當海外國家目標顧客不相同時，品牌形象策略顧客化程度有差異。因此在不同的文化構面和經濟水準差異條件之下，採何種品牌形象策略是有待考量的，採行適當品牌形象策略可為企業節省不必要的行銷資源浪費，滿足顧客需求並提升產品績效。

品牌形象除了受到品牌經營者的策略發展和顧客的知覺、感受兩方的影響，也受到地主國形象、贊助組織、公司員工、產品屬性、行銷組合等等複雜的因素影響。品牌形象在顧客心中是種抽象的聯想，在發展時必須注意品牌個性和顧客態度等心理因素，並針對不同時期的經營階段，發展不同定位策略的品牌

形象。而知識品牌是個重要的概念，可利用公司既有資產發展出獨特的競爭力。在發展國際品牌時，要針對各國民情找出適當的形象定位，並翻譯為當地人接受度高的品牌名稱，對於國際市場上的各種變數因時制宜，將全球品牌形象策略標準化、顧客化，以期達到最佳的品牌形象，對行銷策略具有更高的輔助力。

➡ 圖 10-5　林聰明沙鍋魚頭－嘉義的味道代表臺灣入選，榮登世界最大影音頻道 Netflix ！被世界最頂尖的團隊 Chef's table 拍成《世界小吃》亞洲篇紀錄片，躍上世界舞台。（資料提供：林聰明砂鍋魚頭）

MEMO:

公部門品牌運用
——創造品牌價值

11-1　緒　論

不僅企業及商品運用品牌，近年來亦可見公部門將與特定族群關係較密切的重大政策，以經營品牌的方式來推動，以品牌印象接近民眾，取代過往的教條式或詳細解說式的宣導及推動方式，同時逐步延伸及擴大影響範圍，在目標族群內逐步建立信任感及影響力。

一、青年社區參與行動計畫（教育部青年發展署 2006 年～迄今）

➡ 圖 11-1　教育部青年發展署青年社區參與行動計畫。（資料來源：教育部青年社區參與行動網站）

教育部青發署自 2006 年至 2017 年辦理「青年社區參與行動計畫」，培養青年對家鄉及生長土地的認同感，將青年的觀點、專長、創意與熱情轉化為實際參與，透過行動，協助社區活化及發展。

2018 年起，整體計畫改以社會青年為主體，以「Changemaker」號召有志青年投入在地發展，為社區帶來新的改變，期連結部會相關資源，共同協助青年逐步從 Dreamer（青年夢想家）至 Actor（青年行動家），最後成為 Changemaker（青年翻轉家）。

2021 年首次成立「在地學習性青聚點」，2122 年共招募 26 組深耕社區並具地方量能的青年行動家，運用行動場域及多年地方的推動經驗，建立在地學習性青聚點，透過多元的地方知識課程及安排蹲點見習機會，期待幫助年輕人從體驗在地、理念建立，到實際運作，引導青年投入地方發展。

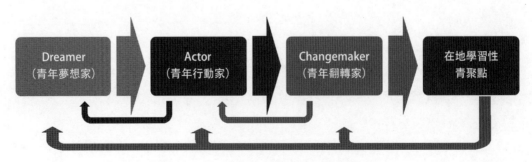

➡ 圖 11-2　青年社區參與行動計畫架構。

教育部青發署「青年社區參與行動計畫」以青年為主體，鼓勵青年積極參與公眾事務，透過行動，協助社區活化及發展。並由參與計畫的青年行動家們回饋，提供學習及實作課程等，繼續培訓下一代 Dreamer 及 Actor，形成一個源源不絕的正循環。

在地課程

課程名稱	開課單位	課程類型	區域	類別	課程期間	選課截止時間	課程人
農廚培養課 - 舌尖上的富里美味米食	天賜糧源	實地課程	東區	農村｜農藝｜農技	2022-05-21 - 2022-05-21	2022-05-19	剩餘人
老屋搞文創：老屋文創經濟學-劇場與社區參與一狂想劇場的藝術 趴趴走	老城水岸文化協會（基隆太平山城藝棧）	實地課程	北區	風土｜人文｜美食	2022-05-21 - 2022-05-21	2022-05-14	剩餘人
地方紋理與創生行動概論	耕山農創	實地課程	北區	思考｜行動｜方案	2022-05-21 - 2022-05-22	2022-05-16	剩餘人
線上課程_《社會設計如何實踐？》	好伴社計	線上課程	中區	思考｜行動｜方案	2022-05-21 - 2022-05-21	2022-05-19	剩餘人
（未經見域通知請勿報名）調研力 - 共同重建歷史提出新意	見域工作室	實地課程	北區	圖文｜編輯｜設計	2022-05-21 - 2022-05-21	2022-05-19	剩餘人
林業踏查小旅行	洪雅書房	實地課程	南區	觀察｜走讀｜旅行	2022-05-22 - 2022-05-22	2022-05-17	剩餘人
出版與藝文設計相談室	寫寫字工作室	實地課程	東區	圖文｜編輯｜設計	2022-05-28 - 2022-05-29	2022-05-21	剩餘人
美式理髮廳-造型打造課程	逆風劇團	實地課程	北區	感官｜體驗｜創作	2022-05-28 - 2022-05-28	2022-05-20	已額滿
（未經見域通知請勿報名）寫作力 - 如何讓文章精準有重點，更有亮點	見域工作室	實地課程	北區	圖文｜編輯｜設計	2022-05-28 - 2022-05-28	2022-05-26	已額滿
用腳愛基隆：走繪文創小旅行	老城水岸文化協會（基隆太平山城藝棧）	實地課程	北區	觀察｜走讀｜旅行	2022-06-04 - 2022-06-04	2022-05-28	剩餘人

➡ 圖 11-3　青年行動家們回饋提供在地課程，協助社區活化及發展。（資料來源：教育部青年社區參與行動網站）

蹲點見習

見習計畫名稱	見習單位	區域	名額	見習期間	報名截止時間	見習天數	已報名人數	選課
移住地方生活吧！鹿港囝仔【蹲點見習生】｜第二期徵才招募中	鹿港囝仔文化事業有限公司	中區	1 人	2022-08-15 - 2022-10-16	2022-05-22	40 天	0 - 5 人	請先
童趣深活概念館	深活共構有限公司	南區	2 人	2022-06-01 - 2022-10-31	2022-05-22	40 天	0 - 5 人	請先
深活共構聚匯所	深活共構有限公司	南區	2 人	2022-06-01 - 2022-10-31	2022-05-22	40 天	0 - 5 人	請先
移住地方生活吧！鹿港囝仔【蹲點見習生】｜第一期徵才招募中	鹿港囝仔文化事業有限公司	中區	1 人	2022-06-01 - 2022-08-31	2022-05-22	40 天	0 - 5 人	請先
台青蕉香蕉創意工坊X尊懷活水人文協會！「向地方學習」見習	尊懷活水人文協會	南區	2 人	2022-06-01 - 2022-09-30	2022-05-25	40 天	0 - 5 人	請先
洪雅書房蹲點見習課程	洪雅書房	南區	2 人	2022-06-01 - 2022-08-31	2022-05-30	20 天	0 - 5 人	請先
太平山城藝棧推動社區參與地方創生	老城水岸文化協會（基隆太平山城藝棧）	北區	2 人	2022-07-01 - 2022-08-31	2022-05-30	30 天	0 - 5 人	請先
夏日蹲點見習	日日田職物所	北區	4 人	2022-07-01 - 2022-09-18	2022-05-31	50 天	0 - 5 人	請先
見域工作室暑期見習生招募！	見域工作室	北區	4 人	2022-07-01 - 2022-08-31	2022-05-31	44 天	0 - 5 人	請先
好伴社計	好伴社計	中區	3 人	2022-07-01 - 2022-09-09	2022-06-04	20 天	0 - 5 人	請先

➡ **圖 11-4** 青年行動家們回饋提供在地課程，協助社區活化及發展。（資料來源：教育部青年社區參與行動網站）

學習性青聚點介紹

2021　**2022**

北區　中區　南區　東區

北區

耕山農創股份有限公司

為了重新打造在地的產業鏈、活化故鄉的山水，創辦人邱星崴經長期調查與研究，2014年成立「耕山農創」，以「把山種回來」作為經營使命，同年開始經營老寮Hostel，期望打造外界認識苗栗南庄山林的入口，讓人們透過旅行愛上這塊土地。

北區

見域工作室

共同創辦人吳君薇與夥伴們一同改造老屋、舉辦講座、工作坊等活動外，更發行《貢丸湯》地方生活誌，主題性介紹新竹的不同生活圈與社群，相信唯有重新談論城市，城市才有改變的可能。

北區

台灣老城水岸文化協會

為帶動晉仔寮山社區的地方創生，殷寶寧帶領臺灣藝術大學藝術管理與文化政策研究所團隊，2021年6月進駐所建立的據點「太平山城藝棧」。進駐期間整理幾處空間，媒合藝文團隊進駐，也舉辦多場創意市集、走讀與議題分享交流活動，並與鄰近學校合作，深化在地年輕社群掌握推動地方活化的體驗。

北區

社團法人台灣土也社區行動協會

協會初始由社會工作與體驗教育工作者發起，創始組織土也社區工作室長期關注洲美區段徵收的文史保存、社會參與及公民行動，創辦人郭琤琤從資深社工返身落腳「做社區」，以跨域共學及社區互助精神，組織家長共學團，辦理地方市集，培力青年夥伴成立「土角空間」，以在地歷史紋理與素材，導入體驗課程，促進都市化公共議題的討論與關注。

北區

掀冊工作室

苑裡掀海風（掀冊工作室），是由2013年在苑裡社會運動中認識的青年和地方農人、藺草編織師傅集結成立的團隊，以社會企業的經營模式。

北區

逆風劇團

「逆風劇團」深耕於中輟、高關懷青少年，給予多元全面且長期的陪伴和扶助，透過戲劇、公益等實際行動，使少年翻轉自己的人生。

北區

甘樂文創志業股份有限公司

甘樂文創是一個社區型的社會企業，以打造社區支持系統為目標，2010年成立，陸續改造老屋空間成立「甘樂食堂」藝文展演餐廳、

北區

日日田文創設計有限公司

日日田職物所，一個在大溪左岸農村，借了神農爺的空間發展文化的藝術設計工作室，2018年初成立為日日田文創設計有限公司。

➡ 圖 11-5　青年社區參與行動計畫 青據點介紹。（資料來源：教育部青年社區參與行動網站）

二、洄游農村計畫（農委會水土保持局 2011 年～迄今）

農村再生條例於 2010 年三讀通過後，農委會水保局為推動農村再生政策，活化農村，自 2011 年開始推動大專生洄游農村競賽，歷經 12 年的淬鍊，洄游農村計畫不再僅僅是競賽而已，已發展成青年與農村接軌的多元方程式，青年不僅能夠體驗農村、了解農村，發揮自身專長、運用創新構想，來促進農村永續經營及發展，累積農村生活及服務的體驗，自我發掘未來與農村的連結，創造青年留農創業的機會。

水保局所建立青年無縫接軌參與農村的機制，包含「大專生洄游農STAY」、「大專生洄游農村競賽」、「大專院校農村實踐校園共創計畫」、「青年回鄉獎勵行動計畫」、「青年回流農村創新計畫」及「農村社區產業企業化輔導」等 6 項計畫，全面引動 18~45 歲青年投入，從校園開始到創業、到營運，各階段皆有配套機制輔導；橫向部分，除串聯亮點青年與社區組織間的交流合作外，縱向方面，水保局亦整合政府資源，以支持青年與地方發展，從而建立青年當地培育及訓練模式，以構成完善洄游農村體系。

➡️ 圖 11-6　農委會水土保持局洄游農村計畫 2022 年活動海報。（資料來源：農委會水保局大專生洄游農村粉絲專頁）

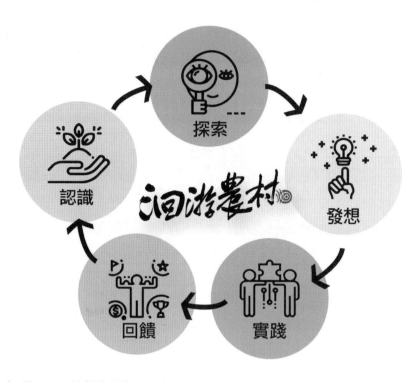

➡ 圖 11-7　接觸農村的五大步驟。（資料來源：農委會水保局大專生洄游農村）

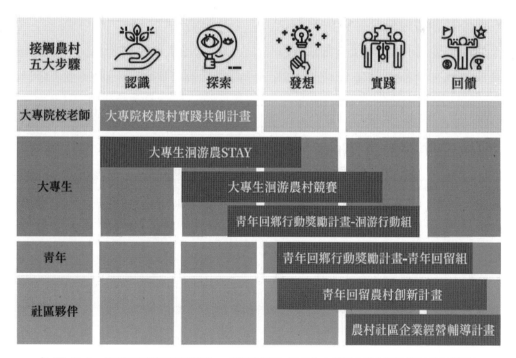

➡ 圖 11-8　洄游計畫架構及對象。（資料來源：農委會水保局大專生洄游農村競賽網站）

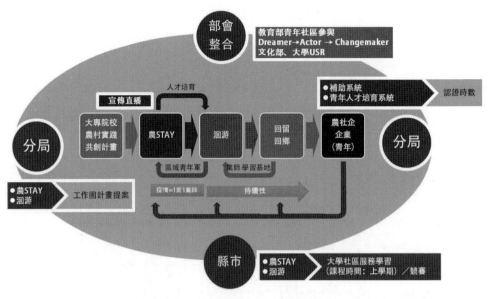

➡ 圖 11-9　洄游友善圈。（資料來源：臺灣最美農村故事館創辦人 張義勝）

11-2　洄游農村體系演變

　　然而從大專洄游農村競賽蛻變為洄游農村計畫，並非一蹴而成，而是如同品牌經營一般，從認知及定位開始、建構及鞏固品牌價值，再到擴增及經營。

一、洄游品牌認知及定位

　　2011 年第一屆大專生洄游競賽，最初僅甄選 10 隊，每隊 6~10 人，但已是當時全國最大規模的農村駐村活動，原始目的是讓大學生於暑假期間去接觸農村、了解農村，並藉由學生年輕的活力及創意，去擾動農村社區，讓社區有動能去推動農村再生，從而創造出政策、社區及學生三贏的成果。

　　當時，因為是第一次辦理，因此除了水保局發布的新聞稿外，對外宣傳管道也僅有 FB 粉絲專頁，整體賽程包含報名參賽、團隊甄選、公布入圍、3 天 2 夜的共識營及最後頒獎典禮暨成果發表會，而為了瞭解參賽的學生團隊與社區相處與互動情形，水保局各分局及當時的承辦團隊自發性地去探望各團隊，深怕同學們在農村適應不良。

　　然而，同學們駐村的成果，遠遠超過水保局的預期，同學們不僅沒有適應不良，更與農村居民建立了深厚的情感，而社區也都將駐村的同學們當作自己的

兒子看待。在成果發表會時，許多社區都動員參加，只是為了替自己社區的駐村隊伍加油打氣，幾乎所有的隊伍都會說，他們在農村找到第二個家。

參賽同學們的熱情及社區的支持，讓洄游農村競賽有了更強的動力，不僅將原本的各單位自發性的關懷訪視，納入賽程，更改進了許多操作及駐村細節，讓賽制更完善，並寄望要將第一屆洄游的精神傳承下去。

因此在第二屆時，邀請第一屆的參賽同學們擔任小隊輔，將洄游經驗與心得傳承給下一屆。同時，許多第一屆參賽的老師們，認為這項競賽意義很大，因此結合學校課程，帶領學生繼續參加第二屆的洄游競賽。

此後歷屆的洄游農村競賽，均可看見歷屆洄游學長姐，在學校向學弟妹分享參賽經驗、在競賽過程中，擔任工作人員或是擔任講師的方式，參與後續的洄游競賽。而崑山科大公廣系、聯合大學工設系、朝陽大學視傳系、勤益科大景觀系等校系，更是幾乎年年參賽，已成該校系傳統，**特別是崑山科大公廣系 12 年來，從未間斷參賽。**

第三屆競賽，是洄游的第一個轉捩點，在累積了 2 年的經驗後，將駐村隊伍數由 10 隊增至 20 隊，同時開始至各大專院校辦理競賽說明會，並確立競賽的目的，不僅僅是認識農村，擾動農村而已；而是希望同學能進入農村，了解農村，發掘問題，運用自己的專長及所學，找出解決問題的模式，造成自己或是社區的改變；由於種種的變革，使得參賽隊伍由前 2 年的 30 隊左右，激增至 87 隊；同時許多工學院及設計學院也紛紛報名參賽，讓洄游競賽，不再是專屬於農學院的競賽，更特別的是聯合大學工設系的團隊，與社區合作的藺草編織作品，榮獲日本無印良品國際設計大賽銅牌獎，更是鼓舞了許多非農業科系參賽的信心。

因此，第四屆競賽時，72 隊參賽隊伍中，有 26 隊來自於設計學院，遠遠超過農學院，同時商學院的報名隊數也增加至 13 隊；在經過激烈的競爭後，更有 12 隊未入選的隊伍，在沒有任何經費補助下自力駐村，去完成他們對社區的承諾。許多曾經參賽同學紛紛表示，畢業後他們選擇在農村創業，是因為洄游讓他們發現農村有許多機會，因此他們繼續留在農村，去實現當年駐村未完成的夢想。

➡ 圖 11-10　洄游農村競賽：共識營社區參訪案例。（資料來源：農委會水保局大專生洄游農村競賽網站）

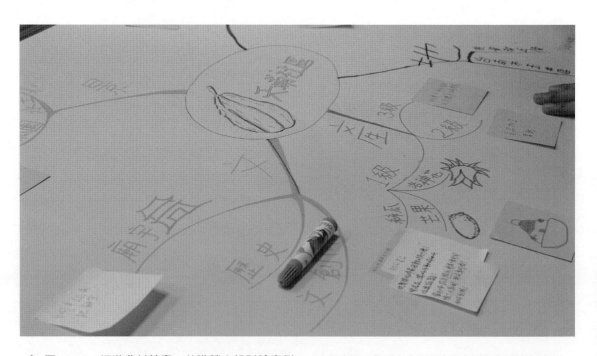

➡ 圖 11-11　洄游農村競賽：共識營小組討論案例。（資料來源：農委會水保局大專生洄游農村競賽網站）

二、洄游品牌建構及鞏固

為了讓更多未完成的駐村夢想，成為推動社區的新力量，從第五屆洄游農村競賽開始，在競賽前，先行辦理較短期的農 STAY 農村體驗營，讓更多的同學能更輕易的認識及探索農村，進而鼓勵同學參加洄游競賽；在競賽過程中，經由實際的駐村行動，讓同學去深刻體驗農村，並發想個人特質及專長是否有可能在農村發揮；競賽結束後，洄游二

次方行動計畫（後改為青年回鄉獎勵行動計畫—洄游行動組），讓有意從農留農的同學們，透過業師的輔導，讓駐村未能完成創意，能更深入的實踐，以實際行動回饋給農村。

而這套完整的機制，也讓大專生洄游農村競賽，在美國華頓商學院 2015 年全球教育創新獎中，從全球 500 多個頂尖大學及企業中脫穎而出，獲得亞洲區銅獎。

大專生洄游農 STAY

為落實農委會農村青年政策，促進農村永續經營及發展，讓青年學子了解臺灣農村，其實已不是傳統印象中的破舊落後，引導其參與並投入農村公眾事務，藉以實現自我並協助農村發展，「農 STAY」利用假日時間，透過不同主題的體驗活動，讓青年學子進入農村，於農村中累積生活及服務的體驗，為農村注入新活力，提出創新性及實驗性計畫，激發農村無限發展可能，實現農村美夢，分享經驗、彼此相互交流與學習，啟發青年從農、留農之意願，提升農村再生推動成效。

活動為分為 1 日及 4 天 3 夜，共 2 種類型，在全臺各地不同的農村社區裡，依社區特色，規劃出不同體驗特色，參與學員透過參訪、體驗，小組討論，分別依不同主題，發表心得。

農 STAY 案例：111 年 4 月 臺南市後壁區（4 天 3 夜）

大專生洄游農STAT案例：
台南市後壁區(4天3夜) 活動方式與課程規劃

(1)邀請在地產業經營者、青年創業、青農、業師等經驗交流

(2)實地參訪特色景區、農場，讓學員進行沉浸式體驗。

(3)引導學生將四天三夜課程中所發現、預想的農村議題，提出相對應的執行方案，再由相關專家與執行單位(大學教授、農會、後壁區公所、業者)進行評選指導，讓學生的想法與在地的現況激盪交流，共創出具有創意及在地文化特色的農創行動。

大專生洄游農STAT案例：
台南市後壁區(4天3夜) 協力單位

後壁區公所、後壁農會、饗樂纖農、蓮心園庇護工場、陳爸的白頭翁果園、同力養殖場、沐爾、後壁俗女村、穀意鄉居、後壁商圈、國立中正大學、崑山科技大學

➡ 圖 11-12 洄游農村計畫：農 STAY 案例。

大專生洄游農STAT案例：
台南市後壁區(4天3夜) DAY1

大專生洄游農STAT案例：
台南市後壁區(4天3夜) DAY2

➡ 圖 11-12　洄游農村計畫：農 STAY 案例（續）。

大專生迴游農STAT案例：
台南市後壁區(4天3夜) DAY3

| 數位農業應用 | 用心感受鄉村的善 | 有故事的午餐 | 自主遨遊大後壁 |

大專生迴游農STAT案例：
台南市後壁區(4天3夜) DAY4

| 鄉村晚餐時光 | 空想也要具現化 | 鄉村議題大對決 | 鄉村議題大對決 |

➡ 圖 11-12　迴游農村計畫：農 STAY 案例（續）。

第六屆競賽，信義房屋不僅全額贊助洄游競賽獎金，同時在原有全民社造行動計畫中，增設大專青年組，讓同學可以同時報名2項競賽，同時能有更多的經費去運用；雙方不僅資源共享，共同宣傳競賽，更開啟了洄游競賽與企業合作的濫觴。而第五屆競賽及參與洄游二次方行動計畫的臺中教育大學徐振捷團隊的「梨煙筆」獲臺中10大伴手禮獎；南臺科大的葡萄藤枝作品同時獲得紅點設計獎及德國IF獎，更是讓洄游體系首次延伸，獲得了亮眼的成績。

➡ 圖 11-13 　全民社造行動同時贊助洄游農村計畫及青年社區參與行動計畫。
（資料來源：全民社造行動計畫網站）

➡ 圖 11-14 　南臺科大：紅點設計獎得獎產品 fibers vine peels_ 藤皮纖維容器。（資料來源：南臺科大創新產品設計系）

➡ 圖 11-15 　洄游農村競賽成果發表會：團隊成果發表案例。（資料來源：農委會水保局大專生洄游農村網站）

➡ 圖 11-16　洄游農村競賽成果發表會：團隊成果展示攤位。（資料來源：農委會水保局大專生洄游農村網站）

三、洄游品牌擴增及經營

第七屆競賽，除與信義房屋繼續合作外；以「稻田裡的餐桌」聞名的幸福果食也與洄游競賽跨域合作；**而全國最大的本土傳播集團—創集團**更號召許多企業，透過洄游補給箱的模式，提供駐村所需物品，為同學加油打氣，企業開始持續性地參與農村洄游計畫。

除了企業持續參與外，為配合新南向政策，洄游計畫也向東南亞延伸，越南胡志明市農林大學與中興大學，首度共同組成國際觀摩團隊，跨海來臺駐村，要將臺灣農村及洄游競賽的經驗，帶回越南。

同時，為引領更多同學參與洄游，並與校園課程更緊密結合，2017 年開始的「大專院校農村實踐校園共創計畫」、鼓勵社區及青年參與的「青年回留農村創新計畫」，加入洄游體系，讓青年與農村接軌的多元方程式的洄游農村體系更加完善。

大專院校農村實踐校園共創計畫

為鼓勵各大專院校教師運用其專業課程，發揮跨界應用價值解決農業及農村等相關問題，結合核心知識實踐應用於農村場域之方式，以達跨界共創及教育創新之目的。對象為全國公私立大學校院，以課程或專題討論或社團輔導課程為單位，教師為計畫主持人提出申請，搭配可實踐專業核心知識之農村場域進行實習、實作、專題設計或駐村等課程執行。

校園共創計畫核心在於教學創新，鼓勵大專院校教師透過課程，提出具有實驗性或創新性的課程，發揮多元領域應用價值發掘及解決農村問題，透過產學鏈結，藉由專業知識導入農村，應用所學改善農村現況，促進農村再生，為農村發展注入新能量，以及人才培育的方式，讓學生實踐參與農村相關事務，提升在地認同、關懷地方，進而觸發在地就業與在地創業之機會。

大專院校相關科系教師可應用現有課程或專題討論，調整教學內容以其核心知識，挑戰並引導學生實踐參與農村相關事務，並搭配農村場域進行實習、實作、專題設計或駐村等課程執行，導引學生進入農村並解決真實問題。

課程主題可由學校老師依各領域自行界定能引導學生探索、調查及解決之農村問題，或由學校老師協同外部農企業、社會型企業或非營利組織依農村實際需求建議設計課程。亦可選定合作之農村場域，並以此進行實習、實作、專題設計或駐村等課程執行，藉由專業知識及技術導入，以及現場實際問題之回饋，共同於執行過程中解決農村問題。

青年回留農村創新計畫除持續孵化洄游競賽及青年回鄉獎勵行動計畫的青年們外，更對外號召有志於農村築夢的青年們，其中不乏已回鄉及計畫回鄉的青年們，主要目的是鼓勵農村社區組織設定經營目標，鼓勵導入青年人力，協助建立經營模式及規劃執行方案，提出未來創新推動重點及發展策略，以符合農村社會實際需求面向，並創造農村生產、生活及生態的新價值及特色亮點等區域發展，以達青年回留農村之目標。

青年回留農村創新計畫

　　為鼓勵農村社區組織設定經營目標，鼓勵導入青年人力，協助建立經營模式及規劃執行方案，提出未來創新推動重點及發展策略，以符合農村社會實際需求面向，並創造農村三生新價值及特色亮點等區域發展，以達青年回留服務農村之目標。

　　對象以農民團體、財團法人、依法立案之社區發展協會或社會團體跨域合作為提案組織。為持續引入青年創意及專業，提案組織需聘任 45 歲以下之青年 1 至 3 名（計畫主持人應為提案組織負責人，且不得為該計畫聘任之青年），共同投入組織，並針對區域性整合之創新經營計畫所需經費申請補助提案，經費依本計畫補助標準支給。

　　依據合作所設定之經營目標，鼓勵導入青年人力，協助建立經營模式及規劃執行方案，提出未來創新推動重點及發展策略，以符合農村或農業社會實際需求面向，並創造農村三生新價值及特色亮點等區域發展。

四、國際洄游農村觀摩

　　第八屆競賽，國際觀摩團隊部分則有越南胡志明市農林大學、泰國朱拉隆功大學及印尼馬塔蘭大學等 3 隊，分別與中興大學及嘉義大學組隊，於臺中市大里區竹仔坑社區、臺中市后里區泰安社區及嘉義縣東石鄉塭仔社區駐村。

　　第九屆競賽，國際洄游觀摩團隊已增至 5 隊，分別是印尼松巴哇科技大學及嘉義大學（嘉義縣新港鄉月眉社區）、泰國農業大學及東海大學（臺中市豐原區公老坪社區）、越南胡志明市農林大學及中興大學（臺中市后里區泰安社區）、菲律賓洛斯巴尼奧斯分校及明道大學（南投縣國姓鄉福龜休閒農業區）、中興大學國際農業碩士學程（苗栗縣三義鄉鯉魚社區）。

➡ 圖 11-17　洄游農村競賽成果發表會：國際隊成果展示攤位。（資料來源：農委會水保局大專生洄游農村網站）

11-3　疫情下的轉變

因新冠肺炎疫情影響，群聚活動受到限制，第十屆洄游競賽也採取以下因應措施：

一、以視訊取代實體會議

傳統的校園說明會改採於洄游粉絲專頁線上直播說明會。團隊甄選簡報及駐村訪視日審查採取視訊方式辦理，因為不需要到達現場，使得 25 位業師得以透過視訊參加，領域涵蓋農業行銷與推廣、創意行銷與品牌包裝、媒體公關、環境教育、影像製作、社區營造與老人照護等，不僅擴大了訪視團隊的專業領域，更讓 25 位業師了解洄游計畫，對洄游品牌而言，是一次成功的行銷宣傳。

二、分流分場

除透過線上直播說明會外，更透過 6 場次的洄游 workshop 課程講座，以「王牌簡報一天上手」、「創意創業一拍即合」、「企劃攻略一次掌握」等三大主題進行競賽內容技巧傳授，達到宣傳賽事的目的。

約 200 人參與的 3 天 2 夜共識營，改為與 6 個洄游青創團隊合作，共辦理 6 場次甄選說明會，協助同學進行相關觀察農村、體驗、發掘問題、發想、討論及發表等駐村前應有認知及準備。

第十屆洄游農村競賽，為使洄游整體計畫架構能更明確，原本參與農

STAY 或洄游競賽後，才能參與的洄游二次方行動計畫，更名為青年回鄉行動獎勵計畫─洄游行動組，併入青年回鄉行動獎勵計畫中，使得整體計畫能明確劃分為賽前體驗、洄游競賽、青年回（留）農等幾個階段，讓一般民眾更了解洄游計畫，進而支持洄游計畫。

➡ 圖 11-18　大專生洄游農村競賽：線上直播說明會。（資料來源：農委會水保局大專生洄游農村粉絲專頁）

➡ 圖 11-19　洄游農村競賽甄選說明會辦理地點：雲林建國眷村，青年回留農村場域。（資料來源：農委會水保局大專生洄游農村網站）

➡ 圖 11-20　洄游農村競賽甄選說明會辦理地點：苗栗自然圈農場，是青年回留農村場域。（資料來源：自然圈農場 FB）

➡ 圖 11-21　洄游農村競賽甄選說明會：宜蘭葛瑪蘭漂流木學校，是青年回留農村場域（資料來源：農委會水保局大專生洄游農村網站）

青年回鄉行動獎勵計畫

為鼓勵青年學子或回鄉青年依所發掘之農村相關問題導入創意構想,由青年個人、青年組成團隊由一位青年代表提出行動計畫,發揮社會影響力,創造農村三生新價值,以達青年返回農村並留下來服務農村之目標。

組別分別為「洄游行動組」,需年滿 18 歲至 24 歲之青年學子個人,曾參與過大專生農 STAY 體驗活動、大專生洄游農村競賽提案、大專生洄游農村駐村等三項活動者。而「青年回留組」則為年滿 24 歲至 45 歲之青年個人,或 24 歲以下曾參與過大專生洄游農村二次方行動計畫、參與洄游行動組計畫表現優良者。

本計畫鼓勵有想法、有意願進入農村的青年學子或回鄉青年提出具有實驗性或創新性的技術、工法、教育、服務、行銷或科技等創新計畫構想,實質解決或改善農村生活、環境、產業、教育及就業等問題,為農村發展注入新能量,創造社會影響力,並達成農村三生新價值。

11-4 小 結

青年社區參與行動原本是希望引動年輕人自我學習,積極參與公眾事務,因而辦理 Actor(青年行動家)相關徵選計畫,然後逐漸衍伸出賽前宣傳的 Dreamer(青年夢想家)及賽後成果延續的 Changemaker(青年翻轉家),及進階回饋的在地學習性青據點。

洄游農村計畫原本是希望引進年輕人,進入農村、了解農村、發掘問題,運用自身專長或創意,來造成農村或自我的改變,因而辦理大專生洄游農村競賽;參賽團隊所提出的計畫,雖然有些於駐村的兩個月內無法展現具體成果,

但在競賽結束後,卻有許多團隊繼續留在社區,繼續執行計畫;亦有社區仍延續執行當初團隊競賽的計畫,為使這些計畫能繼續執行,因此開啟了洄游二次方行動計畫,爾後更跨大範圍啟動青年回鄉行動獎勵計畫;同時為了開啟更多元的青年接觸農村管道,亦啟動了農 STAY 農村體驗及校共創計畫,從短期體驗活動及校園課程等多方面,多面向鼓勵大專生參與洄游農村競賽參賽。

因此,教育部青發署的青年社區參與行動與農委會水保局的洄游農村計畫,兩者計畫架構非常類似,均是賽前

宣導、參加競賽、賽後延續及回饋計畫，但這並不是湊巧，或是青發署及水保局互相抄襲所致，而是為有效延續公部門計畫，擴大計畫成果、成果回饋計畫的必然現象。

➡ 圖 11-22　第十一屆大專生洄游農村頒獎典禮在臺北市華山文創園區舉辦，希望引動更多人認識洄游品牌。（資料提供：農委會水保局）

胡政源 (2002)，品牌關係與品牌權益，新北市：新文京。

胡政源 (2003)。消費品品牌關係衡量量表之建構－顧客基礎觀點。嶺東學報，14，57-80（國科會計畫編號 NSC 91-2626-H-275-001- 補助之研究計畫）。

胡政源 (2006)，品牌管理：品牌價值的創造與經營，新北市：新文京。

胡政源 (2015)，品牌管理：廣告與品牌管理，新北市：新文京。

葉匡時 (1996)，企業倫理的理論與實踐。台北市：華泰書局。

葉匡時、徐翠芬 (1997)，「台灣興業家之企業倫理觀」，公共政策學報，18，111-132。

葉匡時、周德光 (1995)，「企業倫理之形成與維持：回顧與探究」，台大管理論叢，6(1)，1-24。

孫震 (2004)，理當如此：企業永續經營之道，台北市：天下遠見。

施振榮 (2000)。品牌管理：從 OEM 到 OBM，台北市：大塊文化。

高希均 (1985)。企業形象：良性循環的原動力。天下雜誌，12，93。

陳振燧、洪順慶 (1999)。消費品品牌權益衡量量表之建構－顧客基礎觀點。中山管理評論，第七卷第四期，1175-1199。

邱志聖 (2010)。策略行銷分析－架構與實務應用（三版）。台北市：智勝文化。

陳振遂 (2001)。品牌聯想策略對品牌權益影響之研究。管理學報，18，75-98。

鐘谷蘭 (1997)。零售商自有品牌策略之通路競爭分析。管理學報，14，457-477。

朱國光、李奇樺 (2008)。影響消費者對自有品牌態度與購買行為相關因素之研究。台灣企業績效學刊，2(1)，93-117。

許立群 (2007)。以消費者為基礎探討自有品牌之品牌權益　滿意度與購後行為關係之研究－以台灣地區前三大量販店為例，中華管理學報，8(4)，87-101。

馮震宇、陳家駿 (2012)。網 科技關於部 格及 之著作權法 問題。《網路著作權保護、應用及法制》，頁 277-304。台北市：元照。

王熙哲、丁耀民 (2008)。人際關係網路對虛擬社群使用意願的影響。資訊管理學報第十五卷第一期，53-72。

蔡至欣、賴玲玲 (2011)。虛擬社群的資訊分享行為。圖書資訊學刊第 9 卷第 1 期 (100.6) 頁 161-196。

李建邦、王日新、李彥欣 (2014)。建立消費者購買意願分類模式。2014 企業架構與資訊科技國際研討會。

郭良文 (1998)。台灣近年來廣告中認同之建構－解析商品化社會的認同與傳播意念，《新聞學研究》，57：127-157。

Aaker, D. A. (1991). Managing Brand Equity. N.Y.: The Free Press.

Aaker, D. A. (1996). Building Strong Brand. N.Y.: The Free Press.

Aaker, D. A., & Biel, A. (Eds.). (2013). Brand equity & Advertising: Advertising's role in building strong brands. Psychology Press.

Aaker, D. A., & Keller, K. L. (1990). Consumer evaluations of brand extensions. The Journal of Marketing, 27-41.

Aaker, J., & Fournier, S. (1995). A brand as a character, a partner and a person: three perspectives on the question of brand personality. Advances in consumer research, 22, 391-391.

Biel, A. L. (1992). How brand image drives brand equity. Journal of advertising research, 32(6), 6-12.

Blackston, M. (1992). Observations: building brand equity by managing the brand's relationships. Journal of advertising research, 32(3), 79-83.

Blackston, M. (1993). Beyond brand personality: building brand relationships. Brand equity and advertising: Advertising's role in building strong brands, 113-124.

Berry, L. L. (2000). Cultivating service brand equity. Journal of the Academy of Marketing Science, 28(1), 128-137.

Baloglu, S. (2002). Dimensions of customer loyalty: separating friends from well wishers. The Cornell Hotel and Restaurant Administration Quarterly, 43(1), 47-59.

Dwyer, F. R., Schurr, P. H., & Oh, S. (1987). Developing buyer-seller relationships. The Journal of marketing, 11-27.

Duncan, T. R., & Moriarty, S. E. (1997). Driving brand value: Using integrated marketing to manage profitable stakeholder relationships. N.Y.: Mc-Graw-Hill.

Duncan, T., & Moriarty, S. E. (1998). A communication-based marketing model for managing relationships. The journal of marketing, 1-13.

De Chernatony, L., McDonald, M., & Wallace, E. (2011). Creating powerful brands. Routledge.

Dobni, D., & Zinkhan, G. M. (1990). In search of brand image: a foundation analysis. Advances in consumer research, 17(1), 110-119.

Dowling, G. R., & Uncles, M. (1997). Do customer loyalty programs really work?. Research Brief, 1.

Doyle, P. (2000). Valuing marketing's contribution. European Management Journal, 18(3), 233-245.

Dick, A., Jain, A., & Richardson, P. (1995). Correlates of store brand proneness: some empirical observations. Journal of Product & Brand Management, 4(4), 15-22.

Eppler, M. J., & Will, M. (2001). Branding knowledge: Brand building beyond product and service brands. The Journal of Brand Management, 8(6), 445-456.

Economides, (1996), N."Network Externalities, Complementaries, and Invitations forEnter," European Journal of Political Economy (12), pp.211-232.

Economides, (1996)N."The economics of networks," International Journal of IndustrialOrganization (14:6), pp.673-699.

Holbrook, M. B. (Ed.). (1999). Consumer value: a framework for analysis and research. Psychology Press.

Holbrook, M. B., & Corfman, K. P. (1985). Quality and value in the consumption experience: Phaedrus rides again. Perceived quality, 31, 31-57.

Garvin, D. A. (1984). What does "product quality" really mean. Sloan management review, 1.

Granovetter, M. (1985) "Economic Action and Social Structure: The Problem of Embeddedness." American Journal of Sociology, 91, 481-510.

Jacoby, J., & Kaplan, L. B. (1972). The components of perceived risk. Advances in consumer research, 3(3), 382-383.

Krapfel, R. E., Salmond, D., & Spekman, R. (1991). A strategic approach to managing buyer-seller relationships. European Journal of Marketing, 25(9), 22-37.

Keller, K. L. (2001). Building customer-based brand equity. Marketing management, 10(2), 14-21.

Kirmani, A., & Zeithaml, V. (1993). Advertising, perceived quality, and brand image (pp.143-62). Hillsdale, N.J.: Lawrence Erlbaum Associates.

Keller, K. L. (1993). Conceptualizing, measuring, and managing customer-based brand equity. The Journal of Marketing, 1-22.

Keller, K. L. (2001). Building customer-based brand equity. Marketing management, 10(2), 14-21. 6.

Koller, V. (2009). Brand images: Multimodal metaphor in corporate branding messages. Multimodal metaphor, 11, 45.

Keller, K. L. (2003). Brand synthesis: The multidimensionality of brand knowledge. Journal of consumer research, 29(4), 595-600.

Kotler, P., & Gertner, D. (2002). Country as brand, product, and beyond: A place marketing and brand management perspective. The Journal of Brand Management, 9(4), 249-261.

Krishnan, H. S. (1996). Characteristics of memory associations: A consumer-based brand equity perspective. International Journal of research in Marketing, 13(4), 389-405.

Keller, K. L., Parameswaran, M. G., & Jacob, I. (2011). Strategic brand management: Building, measuring, and managing brand equity. Pearson Education India.

Kirmani, A., Sood, S., & Bridges, S. (1999). The ownership effect in consumer responses to brand line stretches. The Journal of Marketing, 88-101.

La Foret, S., & Saunders, J. (1994). Managing Brand Portfolios: How the Leaders Do It. Journal of Advertising Research, 34(5), 64-76.

Lou, H., Luo, W. and Strong, D. (2000). "Perceived Critical Mass Effect on GroupwareAcceptance," European Journal of Information System (9:2), pp.91-103.

Javalgi, R. R. G., & Moberg, C. R. (1997). Service loyalty: implications for service providers. Journal of Services Marketing, 11(3), 165-179.

Mariotti, J. L. (2007). The Complexity Crisis: Why too many products, markets, and customers are crippling your company-and what to do about it. Adams Media.

Ornish, D., Brown, S. E., Billings, J. H., Scherwitz, L. W., Armstrong, W. T., Ports, T. A., & Brand, R. J. (1990). Can lifestyle changes reverse coronary heart disease? The Lifestyle Heart Trial. The Lancet, 336(8708), 129-133.

Goldmann, H. M. (1992). Come convincere la gente: la comunicazione al servizio del manager. Angeli.

Upshaw, L. B. (2001). Building a brand. comm. Design Management Journal (Former Series), 12(1), 34-39.

Upshaw, L. B. (1995). Building brand identity: A strategy for success in a hostile marketplace (Vol. 1). NY: Wiley.

Uncles, M. D., Hammond, K. A., Ehrenberg, A. S., & Davis, R. E. (1994). A replication study of two brand-loyalty measures. European Journal of Operational Research, 76(2), 375-384.

Park, C. W., Milberg, S., & Lawson, R. (1991). Evaluation of brand extensions: the role of product feature similarity and brand concept consistency. Journal of consumer research, 185-193.

Park, C. W., Jaworski, B. J., & MacInnis, D. J. (1986). Strategic brand concept-image management. The Journal of Marketing, 135-145.

Reddy, S. K., Holak, S. L., & Bhat, S. (1994). To extend or not to extend: Success determinants of line extensions. Journal of marketing research, 243-262.

Quelch, J. A., & Kenny, D. (1994). Extend profits, not product lines. Harvard Business Review, 72(5), 153-160.

Richardson, P. S., Dick, A. S., & Jain, A. K. (1994). Extrinsic and intrinsic cue effects on perceptions of store brand quality. The Journal of Marketing, 28-36.

Ries, A., & Trout, J. (1993). The 22 immutable laws of marketing. HarperBusiness.

Hagel, J. and Armstrong, A.G. (1997) "Net Gain: Expanding Markets through VirtualCommunities," Mckinsey Quarterly (Winter), pp.140-146.

Williamson, O. E. (1981). The economics of organization: The transaction cost approach. American journal of sociology, 548-577.

Williamson, O. E. (1991). Comparative economic organization: The analysis of discrete structural alternatives. Administrative science quarterly, 269-296.

Wernerfelt, B. (1988). Umbrella branding as a signal of new product quality: an example of signalling by posting a bond. The Rand Journal of Economics, 458-466.

Young, S., & Feigin, B. (1975). Using the benefit chain for improved strategy formulation. The Journal of Marketing, 72-74.

Young, S., Ott, L., & Feigin, B. (1978). Some practical considerations in market segmentation. Journal of Marketing Research, 405-412.

Zeithaml, V. A., Berry, L. L., & Parasuraman, A. (1993). The nature and determinants of customer expectations of service. Journal of the academy of Marketing Science, 21(1), 1-12.

Zeithaml, V. A. (1988). Consumer perceptions of price, quality, and value: a means-end model and synthesis of evidence. The Journal of Marketing, 2-22.

行政院消費者保護會網站 http://www.cpc.ey.gov.tw/

公平交易委員會網站 http://www.ftc.gov.tw/

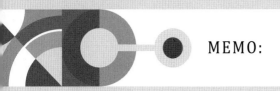

MEMO:

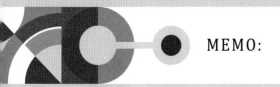

MEMO:

285

國家圖書館出版品預行編目資料

品牌管理 ：廣告與品牌管理／胡政源，蔡清德，
李心怡編著.－三版.－新北市：新文京開發出版股
份有限公司，2022.09
　　面；　公分

　ISBN　978-986-430-878-1（平裝）

　1.CST:品牌　　2.CST:品牌行銷

496　　　　　　　　　　　　　　　111014116

品牌管理－廣告與品牌管理
（第三版）　　　　　　　　　　（書號：H199e3）

編　著　者	胡政源　蔡清德　李心怡	
出　版　者	新文京開發出版股份有限公司	
地　　　址	新北市中和區中山路二段 362 號 9 樓	
電　　　話	(02) 2244-8188（代表號）	
Ｆ　Ａ　Ｘ	(02) 2244-8189	
郵　　　撥	1958730-2	
初　　　版	西元 2015 年 04 月 15 日	
二　　　版	西元 2019 年 02 月 15 日	
三　　　版	西元 2022 年 09 月 10 日	

New Wun Ching Developmental Publishing Co., Ltd.
New Age · New Choice · The Best Selected Educational Publications — NEW WCDP